网 店 美 工

主　编　李京舟

副主编　李伟苑　钟云苑

参　编　彭新导　彭明媚　叶秋苑

　　　　陈宇锋　刘闪光

U0296439

机 械 工 业 出 版 社

本书全面、系统地介绍了网店美工应具备的各项技能，以及做好淘宝首页的流程，包括初识网店美工、网店色彩设计、商品摄影、网店图片美化基础知识、淘宝店铺个性设计、图片切片与优化、店铺装修综合实训。本书摒弃长篇大论，针对做好淘宝首页的实操内容，教您从零开始一步一步地设计制作淘宝首页。本书涉及的技巧和方法均来自于淘宝卖家经营的实际案例，图文并茂，通俗易懂，实战性强。

本书可作为职业院校电子商务专业和电子商务培训机构学生的入门教材，也可作为从事电子商务工作的创业人员和从业人员的学习用书。

图书在版编目（CIP）数据

网店美工/李京舟主编. —北京：机械工业出版社，2017.8
ISBN 978-7-111-57598-6

Ⅰ．①网…　Ⅱ．①李…　Ⅲ．①电子商务—网站—设计
Ⅳ．①F713.361.2　②TP393.092

中国版本图书馆CIP数据核字（2017）第187640号

机械工业出版社（北京市百万庄大街22号 邮政编码100037）
策划编辑：聂志磊　　责任编辑：聂志磊　杨　洋
责任校对：马丽婷　　责任印制：李　飞
北京新华印刷有限公司印刷
2017年8月第1版第1次印刷
184mm×260mm·8印张·200千字
标准书号：ISBN 978-7-111-57598-6
定价：39.80元

电子商务示范基地成果

编审委员会

主 任 委 员：刘航标

副主任委员：黄　健　王洪新　陈思玉

　　　　　　张　文　陈利辉　袁胜尧

委　　　员：潘文锋　赖亦环　陈敬新

　　　　　　李会强　罗志锋　罗宇辉

　　　　　　张杏辉　曾检洪　黄应礼

　　　　　　黎辉雄　范春胜　廖幸意

　　　　　　李　平　李伟苑　李京舟

　　　　　　钟云苑　刘闪光　吴东薇

前言 Preface

　　近年来，随着信息技术的发展，电子商务呈现出快速增长的态势，成为中国企业与消费者日常商务与生活不可缺少的一部分。网店美工作为电子商务不可缺少的一部分，有着举足轻重的地位，甚至已成为关乎电商企业成败的重要因素之一。本书着重介绍网店美工的知识，全面讲解淘宝首页装修的各项知识。

　　学习本书可以了解淘宝店铺首页制作的基本知识，网店美工应具备的基本技能，掌握网店色彩设计，如何拍摄商品图片，利用Photoshop软件处理图片，个性化设计淘宝网页元素，以及掌握整个淘宝店铺设计制作装修的具体流程。本书内容全面，知识体系完整，同时引入大量操作实例，保证初学者能在短时间内学会装修淘宝店铺。

　　本书的主要特点如下：

　　1. 知识体系完整，内容全面、实用

　　本书内容翔实，知识体系完整，包括从认识网店美工开始，一步一步地学习基本的颜色搭配、摄影商品的技巧、Photoshop图片处理的常用基本知识，到自主设计店铺元素、图片切片，最终能自主完成整个店铺设计制作装修的过程。同时，本书的实用性很强，有大量的实际操作流程图，能让读者迅速掌握所需知识。

　　2. 语言精练，深入浅出

　　本书文字浅显易懂，没有过多的、深奥的理论知识，而是引用大量贴近实际应用的案例，让读者把握好重点和难点，轻松学习所需知识。

　　3. 丰富实用的经验、技巧和窍门

　　本书通过理论与实际案例的讲解，让读者认识和发现网店首页设计中可能会遇到的问题，然后利用实用的经验和技巧让读者能更好、更快地处理与解决问题。

　　本书主要由兴宁市电子商务示范基地的电商创业培训讲师编写，其中李京舟任主编，李伟苑和钟云苑任副主编，同时邀请了梅州市交通技工学校的叶秋苑参与编写，其他参编人员还有彭新导、彭明媚、陈宇锋和刘闪光。编写团队根据长期在电子商务企业的工作经验和日常电子商务教学的总结，开发并编写了本书。

　　为方便学习，读者可登录机械工业出版社教育服务网（http://www.cmpedu.com）或加入电子商务交流群（QQ群：131145640）免费下载电子资源包（含助教课件、图片素材等资源），分享资料和经验。限于编者水平有限，书中不足之处，恳请广大读者批评指正。

编　者

电子商务专业交流群
扫一扫二维码图案，加入该群

目录 Content

1
CHAPTER

第一章
初识网店美工

1. 了解网店美工的概念。
2. 了解网店美工的工作内容。
3. 了解网店装修的作用。

第一节 了解网店美工

一、网店美工的概念

消费者在进入一家网店时，主要是通过图片、文字、视频等来了解该店铺和产品。因此，卖家要想在众多网店中脱颖而出，就必须美化店铺。美观、专业的店铺装修可以在第一时间吸引消费者的眼球，刺激消费者的购物欲望，从而提升店铺信誉，提高产品销量。

从营销角度而言，网店的美化就是潜意识的视觉营销，即在网店平台允许的结构范围内，通过图片、文字、视频、程序等对店铺的美化，最大限度地促进产品（或服务）与消费者之间的联系，最终实现销售（购买）。实际上，网店营销主要是靠视觉决定的。因为在网店购物，消费者更多地是从文字和图片中了解店铺和产品。好的店铺装修能在一定程度上增加消费者的信任感，提高产品的成交率。网店美化主要通过店名设计、店标、店招设计、宝贝描述设计及购物体验等来体现。在网店装修过程中，不能一味地强调美化，而要根据网店定位和产品的氛围、特色，有技巧、有重点地实现网店装修，这些都需要通过网店美工来实现。

那么，什么是网店美工呢？网店美工是指淘宝、拍拍等网店页面编辑美化工作者的统称。其周边工作有网店设计（平面设计）、图片处理等。

二、网店美工的工作内容

网店美工的工作内容主要有：网站海报制作，详情页面设计，图片美化，网店促销海报制作，把物品照片制作成宝贝描述中需要的图片，设计电子宣传单等。

随着无线端用户增加，网店美工也要针对手机端、平板电脑端进行相应的页面美化，由于详情页面不需要很多很大像素的图片，所以手机端的详情图片要简洁明了，不可烦琐。一般网店美工需要做的主要是以下几部分的美化工作：

1. 店标

店标是网店的标志，显示在网店的左上角。店标一般要能体现网店的经营内容，彰显店铺特色。因此，在装修时，可以尝试做成动画效果。与静态图相比，动态图更易于吸引消费者注意，塑造店铺形象。

2．店铺公告

店铺公告一般放在店铺的右上角，包括店铺的简介、优惠信息和一些温馨提示，以滚动的形式展现。

3．宝贝分类标签

宝贝分类标签一般位于店铺左侧。装修时，用漂亮的图片取代纯文字描述来表示产品分类，可以增强店铺特色，让消费者在浏览店铺时留下深刻的印象。

4．宝贝详情页面

宝贝详情页面一般在消费者点击浏览产品时才能看到。这一部分主要是通过产品图片来详细介绍产品，包括价格、产品特性、物流等问题。装修时支持较大篇幅的 HTML 代码。宝贝详情页面是决定消费者是否购买商品的最重要环节，也是令客户产生交易欲望的地方，是美工工作的重中之重。

5．店铺介绍

店铺介绍设有一个专页，可以通过使用文字、图片或 HTML 代码来充分展示店铺的形象。

除此之外，心情故事、店主留言、论坛头像等也是店铺美工工作内容不可忽略的一部分。这些版块有助于帮助卖家建立与消费者之间良好的沟通，充分展示卖家个性，表现卖家的文化修养、价值观等，对店铺的销量有一定的影响。

三、网店美工的技能要求

1．网店美工需要熟练操作各类软件

作为网店美工，一定要熟练掌握相关的绘图软件。

（1）Photoshop　Adobe Photoshop，简称"PS"，是由 Adobe Systems 开发和发行的图像处理软件。Photoshop 主要处理以像素构成的数字图像，使用其众多的编修与绘图工具，可以有效地进行图片编辑工作。PS 功能强大，应用广泛，在图像、图形、文字、视频、出版等各方面都有涉及。

> **知识链接**
>
> 2003 年，Adobe Photoshop 8 被更名为 Adobe Photoshop CS。2013 年 7 月，Adobe 公司推出了最新版本的 Photoshop CC，自此，Photoshop CS6 作为 Adobe CS 系列的最后一个版本被新的 CC 系列取代。Adobe 支持 Windows 操作系统、安卓系统和 Mac OS，Linux 操作系统的用户可以通过使用 Wine 软件来运行 Photoshop。

（2）Dreamweaver　Adobe Dreamweaver，简称"DW"，中文名称是"梦想编织者"，是美国 MACROMEDIA 公司开发的集网页制作和管理网站于一身的所见即所得网页编辑器。DW 是第一套针对专业网页设计师设计的视觉化网页开发工具，利用它可以轻而易举地制作出跨越平台限制和跨越浏览器限制的充满动感的网页。

（3）Flash　Flash 又被称为闪客，是一种集动画创作与应用程序开发于一身的创作软件。Adobe Flash Professional CC 为创建数字动画、交互式 Web 站点、桌面应用程序以及手机应用程序开发提供了功能全面的创作和编辑环境。Flash 广泛用于创建吸引人的应用程序，它们包含丰富的视频、声音、图形和动画。可以在 Flash 中创建原始内容或者从其他 Adobe 应用程序（如 Photoshop 或 Illustrator）导入它们，快速设计简单的动画，以及使用 Adobe ActionScript 3.0 开

发高级的交互式项目。

（4）Illustrator　Adobe Illustrator 是一种应用于出版、多媒体和在线图像的工业标准矢量插画的软件。作为一款非常好的图片处理工具，Adobe Illustrator 广泛应用于印刷出版、海报书籍排版、专业插画、多媒体图像处理和互联网页面的制作等，也可以为在线图稿提供较高的精度和控制，适合生产任何小型设计到大型的复杂项目。

（5）Fireworks　Fireworks 是 Macromedia 公司发布的一款专为网络图形设计的图形编辑软件，它大大简化了网络图形设计的工作难度，无论是专业设计师还是业余爱好者，使用 Fireworks 不仅可以轻松地制作出十分动感的 GIF 动画，还可以轻易地完成大图切割、动态按钮、动态翻转图等。因此，对于辅助网页编辑来说，Fireworks 将是最大的功臣。借助 Macromedia Fireworks 8，可以在直观、可定制的环境中创建和优化用于网页的图像并进行精确控制。

（6）Coreldraw　Coreldraw 是加拿大 Corel 公司的平面设计软件，该软件是 Corel 公司出品的矢量图形制作工具软件，这个图形工具给设计师提供了矢量动画、页面设计、网站制作、位图编辑和网页动画等多种功能。该图像软件是一套屡获殊荣的图形、图像编辑软件，包含两个绘图应用程序：一个用于矢量图及页面设计，一个用于图像编辑。这套绘图软件组合带给用户强大的交互式工具，使用户可以创作出多种富于动感的特殊效果及点阵图像即时效果，这些在简单的操作中就可得到实现。通过 Coreldraw 的全方位设计及网页功能可以融合到用户现有的设计方案中，灵活性十足。

2．美工要有色彩基础

无论是平面设计，还是网页设计，色彩永远是最重要的一环。买家对店铺的第一感觉不是优美的版式或美丽的图片，而是网页的色彩。色彩在更多的情况下是通过对比来表达的，有时色彩的对比五彩斑斓、耀眼夺目，显得华丽，有时对比在纯度上含蓄、明度上稳重，又显得朴实无华。创造什么样的色彩才能表达所需要的感情，完全依赖于美工的感觉、经验和想象力。因此，美工要具备扎实的美术功底、丰富的想象力和良好的创造力。

3．美工要具备良好的营销思维

一个优秀的美工，一定要有一个良好的营销思维。在制图时，一定要清晰地知道，图片传递的信息能否打动买家，就是说广告总是要突出所宣传产品的某一个吸引人的特点，这个突出的特点也就是所谓的产品诉求，即最能够打动消费者的、商家最想展示的、产品最大的特色。因此，美工一定要懂产品，懂营销，懂广告。

另外，网店美工还应懂得一些网页设计语言和具备一定的文字功底，以便最大限度地美化网店及突出网店特色。

知识链接

淘宝美工的待遇：据统计，网店美工的工资待遇一般在 4000 元/月左右，部分掌柜还包吃住。有 2 年网店美工经验的人员，底薪通常在 3000～6000 元。一般大城市美工分为初级、中级和高级：初级美工，月薪 3000～5000 元，半年美工经验；中级美工，月薪 4000～6000 元，1 年以上美工经验；高级美工，月薪 5000～8000 元，3 年以上美工经验。

第二节　了解网店装修的作用

网店美工最重要的工作就是网店装修。淘宝店的最终目的是把流量转化成成交量。但是，对于淘宝卖家特别是新手而言，促成成交并不容易。很多卖家会关注产品质量、客服、物流等因素的影响，却往往忽略了网店装修的重要作用。因此，在开店初期，很多新手因为没有做好网店装修而流失客户，并最终导致关店。

1．网店装修有助于塑造良好的网店形象

网店装修与实体店的装修作用在本质上是一样的，两者都是通过对店铺的美化，让消费者对店铺产生浓厚的兴趣，特别是契合目标消费群体的装修更能吸引目标客户，让他们进店消费。一些 Hello Kitty 主题餐厅，如图 1-1 所示，通过店铺装修，墙壁、桌椅甚至餐具都选用粉色 Hello Kitty 图案，营造了独特的店铺色彩，很容易就吸引 Hello Kitty 的喜爱者进店就餐。同样，好的网店装修也能给消费者留下良好的第一印象，有助于塑造店铺的良好形象，加深消费者对网店的印象。

图 1-1　Hello Kitty 主题餐厅

同时，网店的装修也能通过色彩和产品的搭配让消费者产生购买欲望，提高产品的转化率，如图 1-2 所示。

图 1-2　Hello Kitty 公仔网店

2．网店装修有助于增强消费者的信任感

网店装修的核心是促进买卖的进行。消费者在进入一家网店时，无法一下子就评定产品的好坏。首先引起他们注意的往往是店铺装修。如果网店装修得漂亮、简洁，让买家感受到卖家对网店的用心，容易让消费者在一进入网店界面时就产生好感，对网店布局产生共鸣。同时，产品图片的完善和美化，有助于增强顾客对店铺和产品的认同感，最终促进交易的完成。同样的一件产品，美化和没有美化的产品图片会带来截然不同的视觉感受和成交量。如图 1-3 和图 1-4 所示，未处理过的辣椒酱图片与处理过的辣椒酱图片给消费者带来的视觉冲击是完全不同

的。美化过的辣椒酱图片可以让消费者在看到的第一眼就很有食欲，刺激消费者的购买。

图1-3 未处理的辣椒酱图片　　　　　　　　图1-4 处理过的辣椒酱图片

3. 网店装修有助于打造网络品牌

网络品牌的打造是每一个淘宝卖家的发展目标。只有打造属于自己的网络品牌才能赢得成长和发展空间。网店美工在网店装修方面的工作可以起到品牌识别的作用。在网络这个虚拟环境中，卖家如果能把网店装修出独具特色并明显区别于其他店铺的风格，既有助于卖家打造自己的网络品牌，让消费者感知，同时，鲜明的装修风格也有助于让卖家的店铺区别于竞争对手，避免同质化，大大增强店铺的竞争力。而这也是很多店铺使用水印的重要原因，如图1-5所示。

图1-5 兰蔻化妆品海报

本章小结

网店美工是网店必不可少的工作岗位，每一个网店的成长与发展都离不开美工。本章主要介绍了网店美工的概念、主要工作内容、应具备的各种技能及重要作用，让读者对网店美工有一个初步认识。

本章习题

1. 网店美工的概念是什么？
2. 网店美工所需的技能有哪些？
3. 网店美工有什么重要作用？

第二章
网店色彩设计

1. 了解色彩的基础知识。
2. 掌握网店色彩搭配技巧。

第一节 色彩的基础知识

掌握一些色彩的基本常识对于网店设计非常有帮助。其中色彩的色相、明度和饱和度与网店页面色彩的构成紧密相关，了解并掌握色彩的基础知识可以让网店设计工作事半功倍。

一、色彩的构成

色彩一般分为无彩色和有彩色两大类。无彩色是指白、灰、黑等与光谱色光相差甚远的色彩，如图 2-1 所示。

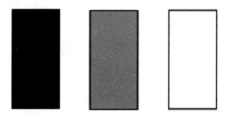

图 2-1　无彩色

有彩色是指红、黄、蓝、绿等带有颜色的色彩，如图 2-2 所示。

图 2-2　有彩色

原色是指无法用其他颜色混合得到的颜色，即第一次色。理论上讲，原色只有三种：红、黄、蓝。印刷中的三原色是指红、黄、青，是构成其他颜色的母色。原色不能由其他颜色调出，却可以调配出其他任何颜色，如图 2-3 所示。

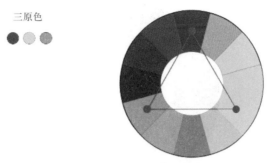

图 2-3　红、黄、蓝三原色

　　间色是指三原色中任何两种混合产生的颜色，又称第二色。间色也有三种：橙、绿、紫，如图 2-4 所示。

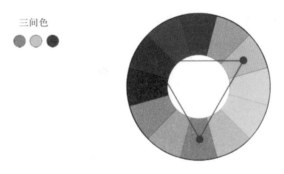

图 2-4　色彩三间色

　　复色是用原色与间色相调或用间色与间色相调而成，也称"三次色"。如图 2-5 所示，红橙、红紫、黄橙、黄绿、蓝绿、蓝紫都是复色。

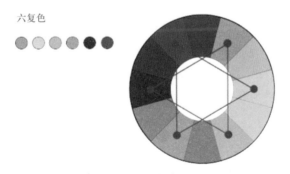

图 2-5　复色

二、色彩的三要素——色相、明度、纯度

1．色相

　　色相是指色彩的相貌，也就是色彩最显著的特征，又称色名、色种等。生活中的各种色彩都有自己的相貌，因此也就有了不同的名称。色彩的相貌是以红、橙、黄、绿、青、蓝、紫的光谱色为基本色相的。基本色相的秩序以色相环形式体现，称为色环。色环分别可作为六色相环、九色相环、十二色相环、二十色相环等多种色彩秩序，十二色相环如图 2-6 所示。

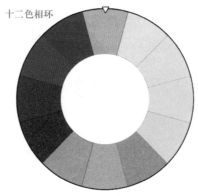

十二色相环

图 2-6　十二色相环

（1）同类色　在相隔 30 度以内的对比，是最弱的色相对比，一般看作同类色相的不同明度与纯度的对比，如图 2-7 所示。对比效果单纯、雅致，但也容易出现单调、呆板的效果。

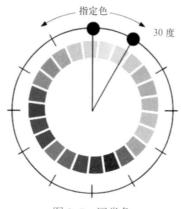

图 2-7　同类色

（2）邻近色　所谓邻近色就是在色相环上相邻近的颜色，如绿色和黄色、红色和紫色就互为邻近色，如图 2-8 所示。邻近色之间往往是你中有我，我中有你。邻近色是色相环中相隔 60度左右（不超过 90 度）的对比，是色相中较弱的对比。这一对比中的颜色属于一个大的色相范畴，但有不同的颜色倾向。此对比的特点是统一、和谐，与同类色相比效果要丰富得多。

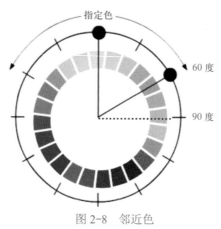

图 2-8　邻近色

（3）对比色　在色相环中相隔 120 度左右（不超过 180 度）的色相关系称为"对比色"，如图 2-9 所示。它是构成明显色彩效果的重要手段，也是赋予色彩以表现力的重要方法。此种对比有着鲜明的色相感，效果强烈、兴奋，但过分刺激易使视觉疲劳，处理不当会产生烦躁、不安定之感。

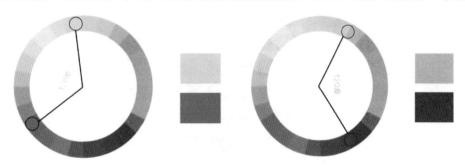

图2-9　对比色

（4）互补色　互补色是原色中的任何一个色彩和对应两个原色混合出的间色，如红色与绿色、黄色与紫色、橙色与蓝色等色组，即在色相环上成180度角。互补色的调和和搭配可以产生华丽、跳跃、浓郁的审美感觉，然而互补色以高纯度、高明度、等面积搭配，会产生比对比色组更强烈的刺激性，使人的视觉感到疲劳而无法接受。互补色在色相环中的位置，如图2-10所示。

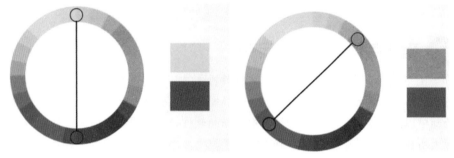

图2-10　互补色

2．明度

色彩的明度即色彩的明暗、深浅变化，也称色彩的亮度。如图2-11所示，明度色相环由中间向内圈不断加白，向外圈不断加黑。明度高的色彩清新自然，明度低的色彩神秘冷艳。色彩的明度搭配也遵循对比调和原则，深浅搭配层次分明。

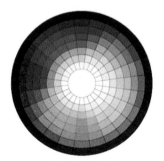

图2-11　明度

3．纯度

色彩的纯度是指色彩不掺杂白色、黑色、灰色以及其他颜色，保持鲜艳的饱和度。一种颜色与另一种更鲜艳的颜色相比较时，会感觉不太鲜艳，但与不鲜艳的颜色相比时，则显得鲜艳，这种色彩的对比便称为纯度对比。以高纯度色彩在画面面积占70%左右时，构成高纯度基调，即鲜调。以中纯度色彩在画面面积占70%左右时，构成中纯度基调，即中调。以低纯度色彩在画面面积占 70% 左右时，构成低纯度基调，即灰调，如图 2-12 所示。

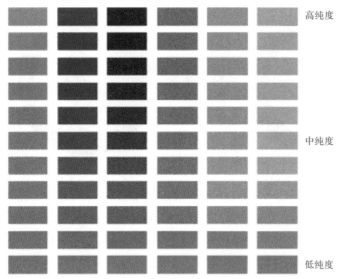

图 2-12　纯度

第二节　网店色彩搭配技巧运用

　　网店美工主要需要培养设计美学眼光和软件操作技巧，这两个方面都非常重要。眼光会提升作品的水准，不至于流俗，这是对自己定位高发展深远的要求。审美眼光需要长期的历练，软件技巧却可以短期学会，这就是为什么很多作品软件技巧用得都很好，就是看着不美，不打动人的原因所在。所以我们要励志做到"眼高手高"而不是"眼高手低"或者"眼低手高"，这样职业发展道路才不会有瓶颈。本节主要介绍网店美工技能——色彩搭配技巧知识。对美工而言，PS 是最主要的作图工具，在 PS 中有两种色彩模式，分别是 RGB 模式和 CMYK 模式，RGB 即红、绿、蓝三基色，CMYK 分别是青、品红、黄、黑。一般来说，网页图片采用的都是 RGB 的色彩模式，如图 2-13 所示。

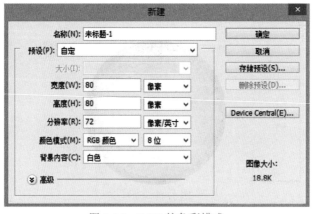

图 2-13　RGB 的色彩模式

　　在对比状态下，色彩相互作用与单一色彩所带给人的感觉不一样，这种现象是由视觉残影引起的。当我们长时间注视某一彩色图像后，再看白色背景时，眼前就会出现色相、明度关系大体相仿的补色图像。如果背景有彩色，残影就会与背景色混合，成为由补色残影所形成的视觉效果。色彩调和是指将两种或两种以上的色彩合理搭配，产生统一、和谐的效果。它有两层含义：其一，它是美的一种形态；其二，它是配色的一种手段。色彩调和的基础是色彩对比。

一、色相对比与调和的搭配技巧

色相对比是指因色相之间的差别形成的对比。当主色相确定后，必须考虑其他色彩与主色相是什么关系，要表现什么内容及效果等，这样才能增强其表现力。可以通过色相对比的强弱决定色相在色环上的距离。色相对比一般可以分为四种程度的对比：同类色相对比与调和、邻近色相对比与调和、对比色相对比与调和、互补色相对比与调和。

1. 同类色相对比与调和

在色彩色相环中30度以内色相属于同类色，当然这里也适用于同一个色相的明度变化，比如红里的大红、粉红、深红也都属于弱对比色。同类相似色的搭配更加和谐统一，视觉冲击力较对比色搭配稍弱。同种色的调和是相同色相、不同明度和纯度的色彩调和。使之产生秩序的渐进，在明度、纯度的变化上，弥补同种色相的单调感。

同类色给人的感觉是相当协调的。它们通常在同一个色相里，通过明度的黑白灰或者纯度的不同来稍微加以区别，产生了极其微妙的韵律美。为了不让整个页面过于单调平淡，有些页面则加入极其小的其他颜色做点缀。图2-14所示页面使用了同种色的黄色系，淡黄、柠檬黄、中黄，并通过明度、纯度的微妙变化产生缓和的节奏美感。

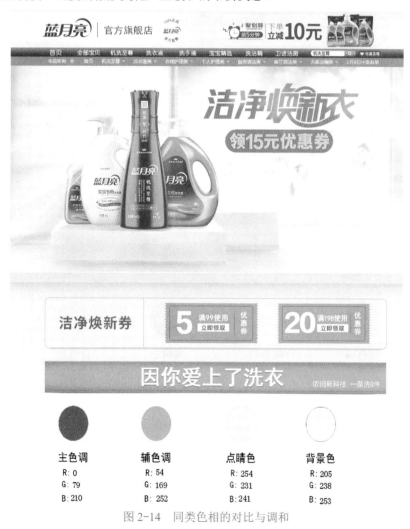

主色调	辅色调	点睛色	背景色
R: 0	R: 54	R: 254	R: 205
G: 79	G: 169	G: 231	G: 238
B: 210	B: 252	B: 241	B: 253

图2-14　同类色相的对比与调和

结论：

同类色被称为最稳妥的色彩搭配方法。

2．邻近色相对比与调和

在色环中，色相越靠近越调和。色彩色相环中 60 度以内色相属于邻近色。主要靠邻近色之间的共同色来产生作用。

邻近色相较于同类色色彩之间的可搭配度要大些，颜色丰富、富于变化。如图 2-15 所示，页面主要取的是色环中的绿色、蓝色，通过明度、纯度、面积上的不同实现变化和统一。虽然蓝色在页面中使用面积最大，我们看到由于它的明度非常高，饱和度就降低了，因此在页面中处在明显的角色。而绿色的纯度最高，且使用面积次之，页面显示较显眼，因此用于店招位置上。整个页面主次的视觉引导分明。

结论：

不是每种主色调都放在极其显眼的位置，通常它们扮演着用于突出主体的辅助性配角。而重要角色往往在页面中用的分量极少，却又起到突出主体的作用。

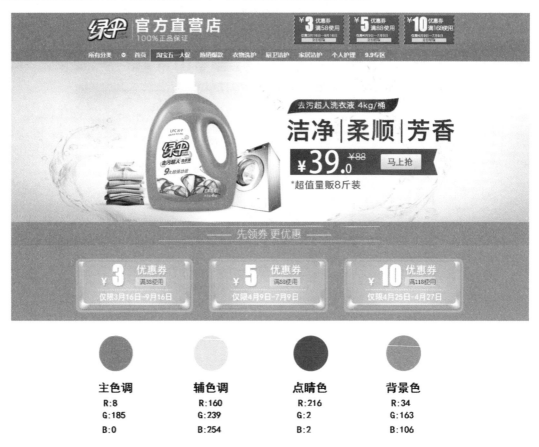

图 2-15　邻近色相的对比与调和

3．对比色相对比与调和

在色相环中每一个颜色对面（120 度左右）的颜色，称为"对比色"。对比色的对比与调和方法有：

1）提高或降低对比色的纯度。

2）在对比色之间插入分割色（金、银、黑、白、灰等）。

3）采用双方面积大小不同的处理方法。

4）对比色之间加入相近的类似色。

结论：

从图 2-16 的分析我们可以知道，通过上面的这些色值调配，当需要使用这组对比配色时该如何达到协调的目的，即不是对比色为主色调的页面就一定会有不舒服的感觉，可以通过调低亮度、降低饱和度、加入少许白色来调和。颜色凌乱可以适当加入同类色或者类似色、白色、黑色、灰色做到统一调配的目的。

图 2-16 可以说是黄色和蓝色的对比色做网店的主要色调。黄色蓝色组合在网页中显得较为青春活力，色彩跳跃度较大。整个页面运用了白色作为调和，白色是这组对比色里加入的协调色，调低了亮度，使整体降低了纯度，缓和视觉刺激。

主色调	辅色调	点睛色	背景色
R: 255	R: 30	R: 254	R: 255
G: 235	G: 92	G: 0	G: 255
B: 16	B: 251	B: 0	B: 255

图 2-16　对比色相的对比与调和

4．互补色相对比与调和

将红与绿、黄与紫、蓝与橙等具有补色关系的色彩彼此并置，使色彩感觉更为鲜明，纯度增加，称为互补色相对比。

如图 2-17 所示，由冷色系的蓝色组成大背景环境，纯度较低。前景主要是突出产品橙色形成补色对比效果，纯度亮度非常高，达到最高值，加之浅蓝色的辅色搭配，使得橙色更为凸显，更易于视觉对信息的迅速捕捉。

结论：

互补色的合理搭配，能拉开前景与背景的空间感，突出页面主体物。尤其是橙色在主体物上的运用，能迅速传递视觉的效果。

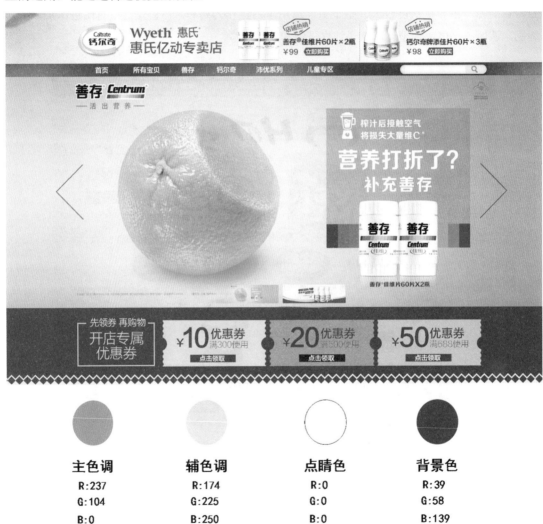

主色调	辅色调	点睛色	背景色
R:237	R:174	R:0	R:39
G:104	G:225	G:0	G:58
B:0	B:250	B:0	B:139

图 2-17　互补色相的对比与调和

二、明度对比与调和的搭配技巧

明度色彩搭配技巧是指色彩之间明暗程度的差别而形成的对比，是页面形成恰当的黑、白、灰效果的主要手段。

明度对比可分为：彩色差的明度对比和非彩色差的明度对比。

1．彩色差的明度对比分析

明度对比在视觉上对色彩层次和空间关系影响较大。例如，柠檬黄明度高，蓝紫色的明度低，橙色和绿色属中明度，红色与蓝色属中低明度。图 2-18 所示为彩色差的明度对比，黄色的色彩明度变化对比搭配效果。

主色调	辅色调	点睛色	背景色
R: 181	R: 229	R: 0	R: 237
G: 136	G: 189	G: 0	G: 229
B: 45	B: 32	B: 0	B: 218

图 2-18　彩色差的明度对比

2．非彩色差的明度对比分析

严格来说，图 2-19 所示的页面是由黑、白、灰色非色彩构成的，网店图片黑白灰的色彩搭配，单纯的黑白灰对比柔和与舒适，能使页面显得更单纯、统一，形成较强的科技感、时代感。

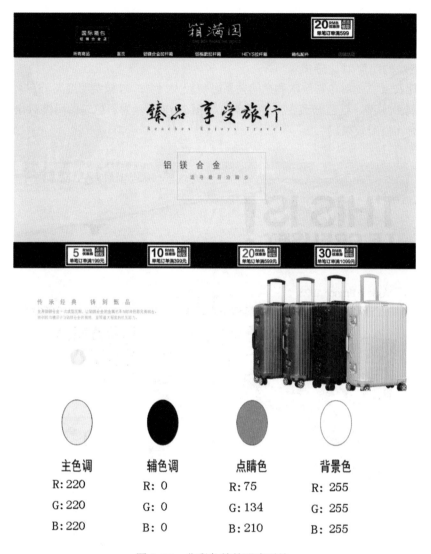

主色调	辅色调	点睛色	背景色
R: 220	R: 0	R: 75	R: 255
G: 220	G: 0	G: 134	G: 255
B: 220	B: 0	B: 210	B: 255

图 2-19　非彩色差的明度对比

三、纯度对比与调和的搭配技巧

纯度对比是指不同色彩之间纯度的差别而形成的对比。色彩纯度可大致分为高纯度、中纯度、低纯度三种。未经调和过的原色纯度是最高的，而间色多属中纯度的色彩，复色本身纯度偏低而属低纯度的色彩范围。纯度的对比会使色彩的效果更明确肯定。

1. 高纯度色彩搭配（见图 2-20）

图 2-20 所示的整个页面看起来异常艳丽、刺激而又非常协调，其数值主要选取了几种较有代表性的颜色。整个页面色彩除了粉红色，其他几组颜色都是高饱和度、高亮度的颜色，因此充分发挥了色彩的艳丽程度。其中包括粉红色在内的几种灰色阶，在中间起到了调和作用。白色能拉开相近色阶的空间，并且能起到明快页面的作用。

结论：

图 2-20 所示的页面实际上用了不少颜色，配色大胆，抓住颜色主次冷暖的安排，再适度

加上和谐的过渡色灰色，实现了作者对该页面的轻松配色。从多种高纯度的搭配协调能力上看，足可见作者对色彩设计搭配具有不一般的功底。这类网店的配色非常能体现出一个网站页面产品的个性，配色难度大，让人过目难忘。

图 2-20　高纯度色彩搭配

2. **低纯度色彩搭配**（见图 2-21）

图 2-21 所示的页面，其主色调灰色，做了渐变背景色，降低了纯度；辅助色深灰红色，也是作为低纯度的色彩使整个页面协调于整体的效果。而上方店招的黄色则通过提高了亮度来降低纯度。一个页面里应有少量纯度较高的颜色而不至于使整个页面过于压抑，纯度亮度较高的点睛色红色、橙色就起到了这个作用。

结论：

低纯度基调会给人平淡、自然、简朴、耐用、超俗、安静、无争、随和的感觉。如应用不当，则会给人肮脏、土气、悲观、伤神的感觉。

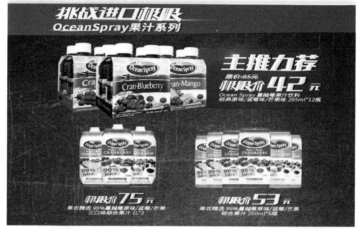

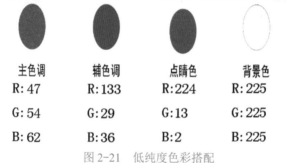

主色调	辅色调	点睛色	背景色
R: 47	R: 133	R: 224	R: 225
G: 54	G: 29	G: 13	G: 225
B: 62	B: 36	B: 2	B: 225

图 2-21　低纯度色彩搭配

本 章 小 结

　　本章介绍了色彩的基础知识，包括色彩的构成和色彩的色相、明度、纯度三个要素，并就如何在网店中运用好色相对比与调和、明度对比与调和、纯度对比与调和等色彩搭配技巧进行了阐述，让读者在网店设计中可以更好、更快地掌握和运用色彩的搭配技巧，提升网店质量和吸引力。

本 章 习 题

　　1．色彩最基本的构成元素有哪些？

　　2．色彩混合的特性有哪些？

　　3．网页配色有哪几种方式？

　　4．色彩具有哪些功能？

　　5．在网站色彩设计中，色彩搭配要注意哪些问题？

第三章

商品摄影

学习目标

1. 了解网拍必备摄影器材。
2. 掌握基本布光技巧。
3. 了解商品拍摄技巧。
4. 掌握基本拍摄步骤。

第一节 选择摄影器材

一张成功的商品图片从无到有必须经历"拍摄"和"处理"两个阶段。"三分靠拍摄，七分靠处理"是设计界广为流传的一句话。可见成功的商品图片和"拍摄""处理"密不可分，一张拍摄完美的商品图片能给美工的后期处理带来很大的方便。很多时候，一家公司由于资金不足、人手不足等原因往往会让美工兼职拍摄商品，而且很多时候也只有美工知道自己需要什么样的商品造型等，所以一个优秀的网店美工必须掌握一些相关的摄影知识。摄影器材的好坏决定了拍摄图片的质量，因此选购适合自己的摄影器材很重要。

一、数字照相机的种类

1. 手机

随着手机（见图 3-1）功能的日益完善，很多手机的摄影像素都达到了 1300 万像素以上，这意味着手机的相机摄像基本能满足我们日常的摄影要求，虽然它的功能不强大，但很多时候卖家喜欢用手机给淘宝的商品拍摄，这样拍摄的商品图片在质量上会相对差一些，却能给人真实的感觉。

图 3-1　手机

2．卡片机

卡片机（见图3-2）是指普通的数字照相机，它的特点是小巧，可以随身携带，操作简单。虽然卡片机的功能并不强大，但最基本的曝光补偿功能都有，还有超薄数字照相机的标准配置、防抖动功能等，它们还是能够完成一些摄影创作的。

图 3-2　卡片机

3．单反照相机

单反照相机（见图3-3）又称单镜头反光照相机，它的特点是能交换不同规格的镜头，完成各种需求的图片摄影创作。单反照相机的画质在各类相机中是最好的，功能选择也是最多的，因此很受专业摄影者的喜爱。

图 3-3　单反照相机

4．微单照相机

微单照相机（见图3-4）定位于一种介于数字单反照相机和卡片机之间的跨界产品，是结合了卡片机与单反照相机的优势的一种照相机。

图 3-4　微单照相机

二、数字照相机的选择要素

1. 像素越高越好

高像素的图像会使数字照相机处理图像的时间增加，也就是拍摄时需要的处理时间更久，而且拍摄的图像文件会增大，占用的存储空间也更大。而且高像素拍摄的图片由于体积过大，会使网页加载图像的时间更久。但是，像素越高越好，因为只有高像素，才能拍摄出高质量的图片，像素高代表拍出的照片清晰度高，存储的图片信息也就多，有利于后期的图片处理，而且图片的体积大小能经过后期处理缩小，所以应尽量使用高分辨率的器材进行拍摄。但是，值得注意的是，当像素越高时，往往照相机的价格越贵，所以用户购买照相机时还要量力而为。

2. 照相机要有手动模式

手动模式也称 M 模式，在相机中以字母"M"标示，用 M 模式拍摄可以根据场景和拍摄的需求自由地选择光圈、快门速度，拍出自己想要的效果（见图 3-5）。

图 3-5 "M"模式标示

3. 具备微距功能

网络商品很多时候需要展示商品的细节，这时就需要我们的照相机具备微距功能。微距功能就是能拍离镜头很近的物体，将主体的细节表现出来，把细微的部分巨细无遗地呈现在眼前。微距功能在照相机上以小花的图标标示（见图 3-6）。

图 3-6 照相机上的微距标示

4. 照相机白平衡

许多网店店主在拍摄的时候不注重设置白平衡模式（见图 3-7），使得拍摄的商品图片出现颜色上的偏差，这是因为不同性质的光源会在画面中产生不同的色彩倾向，而白平衡功能就是为了消除这种色彩倾向。数字照相机的白平衡模式有：自动白平衡、白炽灯、荧光灯、晴天、阴天、闪光灯等模式。在拍摄时需要根据拍摄的环境光线选择相对应的白平衡模式。所以照相机必须有白平衡功能，而且要多去熟悉这个功能。

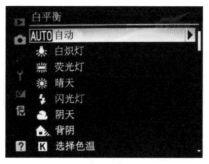

图 3-7　设置照相机白平衡

三、其他辅助设备

1. 三脚架

人们在手持照相机的时候难免会产生抖动，造成照片虚影、晃动的情况。这个时候就需要用到三脚架（见图 3-8），它的主要作用就是稳定照相机，可以说是摄影的必备物品。

图 3-8　三脚架

2. 柔光箱

柔光箱（见图 3-9）可以将灯光打出来的光线变得柔和，使照片看起来更加自然，它的原理就是把僵硬的直射光线通过耐高温的半透明柔光布扩散出来，转化为柔和的漫射光，消去拍摄物体上高光斑，使照片看起来更自然。

图 3-9　柔光箱

3．反光板

反光板（见图3-10）拥有一个不平整的表面或不规则的纹理。光线在其平面上会产生漫反射的效果，光源将被柔化并扩散至一个更大的区域，通常用来给暗部补光。

图3-10　反光板

4．摄影灯

摄影灯（见图3-11）分为持续光源的摄影灯和瞬间闪光的闪光灯。前面所说的柔光箱也可以认为是一种摄影灯，因为它能方便地控制闪光灯强度，拍摄时可根据需要多个一起使用。

图3-11　摄影灯

5．静物台

对于经济条件有限的淘宝卖家来说，为了拍摄商品而特意去搭建一个专业的摄影棚显然是不明智的，这样的成本未免太高了，所以一般的淘宝卖家更多地会去选择购买静物台（见图3-12），并在其上覆盖半透明的、用于扩散光线的大型塑料板，以便于布光照明，消除被摄物体的投影。静物台桌面的高度能够按照要求进行调节。放置塑料板的支架的角度也可以在一定范围内转动和紧固，以适合不同的拍摄需要。

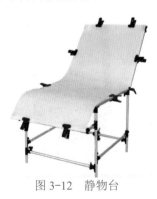

图3-12　静物台

第二节 摄影技巧和摄影步骤

一、用光技巧

1. 表面粗糙的商品用光技巧

表面粗糙的商品为了体现质感和层次感，建议采光用侧光或者侧光加顶光的布光模式，即一定要从侧面打光，尽量避免从商品的正面打光，这样可以使物品产生特有的轮廓感，显示出商品表面明暗起伏的特点，增强立体感。常见的商品有麻织品、毛皮制品等。如图 3-13 所示，采用测光布光模式，拍出的商品更加有质感。

图 3-13　侧光拍摄毛织商品

2. 表面光滑的商品用光技巧

表面光滑的商品由于表面光滑，反射的灯光会很强，如果直接打光会造成局部的强烈反光，影响整体图片的曝光度。拍摄这类商品时，应采用间接光源，柔光罩和柔光纸是很好的选择，或者用光直接照射墙面，利用墙面反射光照射到拍摄物品上。常见的商品有瓷器类商品、金属类商品等。如图 3-14 所示，其布光采用柔光罩加柔光纸的方式；图 3-15 所示左图为商品不用柔光纸拍摄，右图为使用柔光纸后的拍摄。

图 3-14　使用柔光箱加柔光纸拍摄方式

图 3-15　使用柔光技巧拍摄商品对比图

3．透明的商品的用光技巧

为了表现此类商品晶莹剔透的质感，建议采用顶光或者底光，适当的时候再加个侧光在旁边。光从物品的底部或者顶部打到商品上能很好地表现出透明商品的透亮质感。常见的此类商品有玻璃器皿、水晶等。图 3-16 所示是以顶光加侧光的方式布光与拍摄的玻璃杯商品。

图 3-16　拍摄透明商品布光图

二、商品的摆放

拍摄前要多发挥自己的想象力，利用商品特有的外部线条、商品的摆放角度、多件商品之间的组合等方式来对商品进行二次设计，使之呈现出独特的设计美感，让消费者产生不同的视觉感受。图 3-17 所示分为左中右三个商品的摆放形态，当我们的商品类似于皮带这样长且柔软的时候，我们可以把商品进行盘卷，能展示出良好的整体形象，营造整齐有序的视觉效果；而中间所示的鞋子的摆设方式能显示更多的商品信息，也赋予了商品生动活泼的视觉感受；右侧的商品利用多件商品的组合排列进行商品的二次设计，使画面饱满丰富，体现了商品的井然有序，还展示出了该款式鞋子的不同颜色信息。

图 3-17　商品的摆放

三、利用背景道具布置视觉氛围

背景道具是商品情绪的一种延伸，善于利用好道具能形成商品特有的意境。而且道具可大可小，大到外拍时的风景就是你的背景道具，小到一个蜻蜓、一个蚂蚁都能成为你的道具，关键是看摄影师想为商品营造什么样的意境情绪。值得注意的是，加入的背景道具在颜色、形状和大小上如果和商品主体产生冲突，不但不能为图片增加生机，反而会让消费者找不到重点，忽略了本应关注的商品。如图 3-18 所示，书给人悠闲、文雅的感觉，以书为背景为商品营造出一种清闲优雅的意境。

图 3-18　利用背景道具布置视觉氛围

四、全方位多角度拍摄商品

网络商品都是通过图片对商品的外形、颜色、性能、材质和用途等特点进行展示来引起消费者的购买欲望的，所以在拍摄商品的时候应该围绕上面介绍的几种特点去拍摄。一般可以从正面、背面、侧面、顶部、底部等多角度拍摄，为了体现细节与材质，了解商品的特性，还需进行细节拍摄；为了体现商品的用途，在商品工作状态中也需要拍摄。如图 3-19 所示，鞋子要有正面、背面、侧面、顶部、底部五张展示商品全貌的图片，还要有腿模穿上鞋子的展示商品功能的图片，最后还要有反映商品细节的图片。

图 3-19　商品必拍图片

五、商品拍摄步骤

在商品拍摄之前要求拍摄者必须充分了解商品的材质、用途、特性等细节，在选择合适的背景、调节照相机参数和光线布局之后拍摄商品，具体过程如下

1. 整理商品

我们拍摄的商品应该是展现商品最好的一面的，所以我们在拍摄之前要先整理好我们的商品，擦干净商品的表面，并且根据拍摄的设计选择适当的背景。

2. 摆放商品与布置道具

根据商品的特性对商品的造型摆放进行二次设计，可适当配合道具布置拍摄。整体思路是要使拍摄的整个画面感觉和谐雅致。

3. 布光

根据商品的类型布置适当的光线，表现出商品的特性。

4. 正式拍摄

拍摄时要从各个不同角度全方位拍摄展示商品，力求做到图片清晰，背景衬托，构图美观。在拍摄时不管是什么商品都必须用微距模式拍摄商品的材质，展示做工细节，力求展现出商品的外形、材质等特点，使消费者能从不同角度对产品进行了解。

5. 后期处理

很多时候，商品图片在拍摄好后要进行必要的剪辑才能上传，因为现在的照相机像素都很高，拍的照片极大，所以可以通过使用 Photoshop 工具处理图片，使其成为适合网店要求的格式后再上传。

本章小结

本章介绍了常用的摄影器材，照相机的选择，布光方式，拍摄时的商品摆放与道具如何点缀；详细介绍了结合商品的外形、颜色、性能、材质和用途去拍摄商品，让读者了解了摄影的大致步骤，有助于读者迅速掌握基本摄影技巧。

本章习题

一、填空题

1. 常见的具有照相机功能的设备有_____、_____、_____、_____四种。

2. 我们一般在拍摄商品的时候都是围绕_____、_____、_____、_____和_____等商品特点去拍摄的。

3. 常见的摄影辅助器材有_____、_____、_____、_____和_____等器材。

4. 布光方式有_____、_____、_____三种方式。

5. 一般情况下至少需要有_____、_____、_____、_____和_____五张用于展示商品全貌的图片。

二、简答题

1. 选择照相机时对其像素要如何考虑？

2. 为什么有时候我们购买的网络商品会有色差？

4 CHAPTER

第四章
网店图片美化基础知识

1. 了解 Photoshop 的基础知识和基本操作。
2. 掌握图像的基本处理和基本修饰。
3. 熟悉图像的颜色调整、图像的抠取与合成及图像文本的编辑。

第一节 认识 Photoshop

在网店项目进入中期制作阶段时，开发者需要完善前期的商品图像及设计后期的网页界面。Adobe 公司开发的 Photoshop，具有强大的图像处理功能，结合切片、输出工具，为网店图片处理及网页界面设计提供了广泛的技术支持。

Photoshop 是一款图形图像编辑软件，是目前公认的最好的图像处理软件之一。Photoshop 的功能强大，它支持多种图像格式和颜色模式，可以满足用户在图像处理领域中的任何要求，帮助用户设计、制作出高品质的图像作品。

一、认识 Photoshop 的工作界面

安装 Photoshop 软件后，启动 Photoshop，将打开如图 4-1 所示的工作界面。

图 4-1　Photoshop 的工作界面

Photoshop CS5 的工作界面主要由标题栏、菜单栏、工具箱、工具栏、面板、编辑区（工作窗口）和状态栏等部分组成。

1．标题栏

标题栏显示了当前文件名、缩放比例，括号内显示当前所示图层名、色彩模式、通道位数。

2．菜单栏

菜单栏由文件、编辑、图像、图层、选择、滤镜、分析、3D、视图、窗口和帮助菜单项组成，每个菜单项内置了多个菜单命令，用于完成图像处理中各种操作和设置。

3．工具箱

工具箱包括了图像处理过程中使用得最频繁的工具。把鼠标移到相应工具的地方停顿一会儿就可以显示出该工具的名称，运用它们可以进行图像绘制、图像修饰、创建选区和调整图像显示比例等操作，要选择工具箱中的工具，只需单击对应的按钮即可。有的工具按钮右下角有一个黑色的小三角，表示该工具下还有一些隐藏的工具，在该工具按钮上按住鼠标左键不放或使用右键单击，可显示该工具组中隐藏的工具，如图 4-2 所示。

图 4-2 显示隐藏的工具

4．工具栏

工具栏可以对当前所选工具进行参数设置，选择不同的工具后，工具栏就会显示相应的工具参数，如图 4-3 所示。

图 4-3 选择不同工具时的工具栏

5．面板

在 Photoshop CS5 中，通过面板可以进行选择颜色、编辑图层、新建通道、编辑路径和撤销编辑等操作。

6．编辑区（工作窗口）

图像窗口主要是对图像进行浏览和编辑操作，具有显示图像文件、编辑或处理图像的功能。

7．状态栏

状态栏主要用于显示当前图像窗口的显示比例、图像文件的大小以及当前工具使用提示等信息。

二、认识图像

Photoshop CS5 作为一个专业平面处理软件，其处理的对象只能是图像。使用 Photoshop CS5 处理图像之前，首先得对图像基础知识有所了解。

1．图像的类型

图形图像分为位图和矢量图两种类型。位图也称为点阵图或像素图，是由一个个像素组成的，如图 4-4 所示。Photoshop CS5 生成的图像、用数字照相机拍摄的照片、扫描仪扫描的图片，以及在计算机屏幕上抓取的图像都属于位图。位图的特点是可以表现色彩的变化和颜色的细微过渡，产生逼真的效果，并且很容易在不同的软件之间交换使用。但在储存时，需要记录每一个像素的位置和颜色值，因此位图占用的存储空间比较大。

图 4-4　不同放大倍数时位图的显示效果

矢量图也称为向量图，是用系列计算机指令来描述和记录图像的。用 AutoCAD、CorelDraw、FreeHand 等绘图软件创建的图形都是矢量图。它的特点是可以进行任意缩放，而不会影响图片的清晰度和光滑度。图 4-5 所示是将图形放大后的局部效果，我们可以看到，图像仍然光滑、清晰。矢量图这一特点非常适合制作图标、Logo 等需要经常缩放或者按照不同打印尺寸输出的文件内容。

图 4-5　不同放大倍数时矢量图的显示效果

2. 常见的网页图像格式

图像格式是指计算机存储图像信息的格式。目前已经有上百种图像格式，常用的也有几十种。同一幅图像可以用不同的格式来存储，但不同格式的图像所包含的图像信息并不完全相同，文件大小也有很大的差别。下面简单介绍几种网页最常用的图像格式：

PSD 格式是 Photoshop 软件生成的格式，是唯一能支持全部图像色彩模式的格式，以 PSD 格式保存的图像可以包含图层、通道以及色彩模式，具有调节层、文本层的图像也可以用该格式保存。

GIF 格式是由 CompuServe 提供的一种图像格式，支持透明度、压缩、交错和多图像图片（动画 GIF），主要用于网页编辑方面。

JPEG 格式是一种带压缩的文件格式，其压缩率是目前各种图像文件格式中最高的。JPEG 格式广泛支持 Internet 标准，主要用于图像预览和制作 HTML 网页。

3. 图像的像素与分辨率

像素是构成图像的基本单位，呈矩形显示，如图 4-6 所示。单位面积上的像素越多，图像效果就越好。分辨率是指单位长度上包含像素的多少，单位长度上像素越多，图像就越清晰。一个像素是显示器上显示的光点的单位，是观看实际成像工作的地方。每英寸像素是分辨率的度量单位，同样也是一幅图像上工作的度量单位。图像分辨率的单位是 PPI（Pixels Per Inch，像素 / 英寸），即指每英寸所包含像素的数量。例如，72PPI 表示图像中每英寸包含 72 个像素或点。分辨率越高，图像越清晰，但图像所需的磁盘空间也越大，编辑和处理所需的时间也越长。

图 4-6　照片中的像素

三、认识图层

图层是 Photoshop 的核心功能之一，为图像的编辑带来了极大便利。

1. 图层的概念

图层可以看作是一张张独立的透明胶片，在每一张胶片上绘制图像上的一部分内容，将所有胶片按顺序叠放在一起，组合起来就形成了图像的最终结果。

通过改变图层的顺序，可以改变图像的显示效果。调整图层顺序的前后效果对比，如图 4-7 所示。

图 4-7　调整图层顺序的前后效果对比

图层面板是认识、掌握图层的基础，是编辑、管理图层的主要场所。对图层的各种操作基本上都是在图层面板中完成的，因此学习图层，就必须掌握图层面板。单击"窗口"→"图层"菜单命令或按〈F7〉键，在Photoshop CS5 的工作界面中显示图层面板，如图4-8所示。

图 4-8　图层面板

2. 图层的基本操作

（1）创建新图层　Photoshop CS5 中新建图层的方法有很多，下面介绍几种常用的新建图层的方法。

1）执行菜单命令"图层"→"新建"→"图层"。

2）单击图层面板上的"创建新图层"按钮。

3）粘贴剪切板程序中的内容，单击"图层"→"新建"→"通过剪切的图层"或"通过拷贝的图层"。

（2）选择图层　在 Photoshop CS5 中，大部分的图层操作都是对当前选择的图层进行操作，选择图层可以有多种方式，下面是几种常用的选择图层的方法。

1）选择单个图层，在图层面板中单击要选择的图层即可。

2）选择多个不连续的图层，可以按住〈Ctrl〉键后单击要选择的图层。

3）选择多个连续的图层，按住〈Shift〉键后连续选择图层中的第一个和最后一个，中间所有的图层也会被选中。

4）选择所有图层，选择"选择"→"所有图层"菜单命令，可以选中图层面板中的除背景图层以外的所有图层。

（3）复制图层　在 Photoshop CS5 中复制图层的具体方法如下：

1）在"图层"面板中将目标图层拖拽至"创建新图层"按钮。

2）在"图层"面板中选中目标图层并执行菜单命令"图层"→"复制图层"。

（4）删除图层　当图层中的图像不再有用，或备份图层过多时，可以将这些图层删除。

1）单击"图层"面板的"删除图层"按钮，或直接将图层拖动到"删除图层"按钮上。

2）在"图层"面板中选中目标图层并执行菜单命令"图层"→"删除"→"图层"。

3）选择要删除的图层，直接按〈Delete〉键。

（5）建立图层组　如果一个文件中包含较多的图层时，可以利用图层组来管理图层，将需要分类的图层创建在同一个图层组内。

1）单击图层面板上的"创建新组"按钮，即可得到一个新建的图层组。

2）执行菜单命令"图层"→"从图层新建组"。

3）同时选择多个图层，执行"图层"→"图层编组"。

第二节　图像文件的基本操作

在使用 Photoshop 制作作品前，首先应熟悉图像文件的基本操作，包括图像文件的新建、保存和打开等。

1．新建图像文件

在大多数情况下，先新建一个图像文件，然后在新建图像窗口中进行图像处理。新建图像文件的方法如下：

1）在菜单栏上单击"文件"→"新建"命令，也可以按〈Ctrl+N〉组合键，或者在已经打开的图像文件标题栏上单击鼠标右键，弹出快捷菜单，选择"新建文档"选项，即会弹出"新建"对话框，如图 4-9 所示。

图 4-9　"新建"对话框

2）在打开的"新建"对话框中设置好图像的名称、大小、分辨率、颜色模式、背景内容，然后单击"确定"按钮即可。在设置像素时要留意其单位，一般情况下我们设置网络图片都使用像素为单位，打印的图片则使用厘米为单位。

2．保存图像文件

制作或修改了一幅图像后，需要将图像以文件的形式保存起来，便于以后查看和使用这幅图像，保存图像文件有三种类型。

（1）使用"存储"命令 在菜单栏上单击"文件"→"存储"/"存储为"命令，打开"存储为"对话框，设置各选项参数完成储存，如图 4-10 所示。

图 4-10 "存储为"对话框

（2）使用"存储为 Wed 和设备所用格式"命令 选择"文件"→"存储为 Wed 和设备所用格式"菜单项，打开如图 4-11 所示的对话框。在该对话框中可以以不同的文件格式和不同的文件属性预览优化图像。通过该对话框优化保存的图像经常用在网页中。

图 4-11 "存储为 Wed 和设备所用格式"对话框

3．打开图像文件

要编辑一个图像文件，首先得打开这个图像文件，最常见的打开图像文件的方法有如下几种：

（1）使用"打开"命令　选择"文件"→"打开"命令，系统将弹出"打开"对话框，查找并选择需要编辑的图像文件。

（2）使用"打开为"命令　如果要打开的图像文件是无法辨认格式的，就需要在打开文件时明确其格式，依次选择"文件"→"打开为"命令，系统将弹出"打开为"对话框，如图4-12所示。在该对话框中，可以通过"文件类型"下拉列表框指定被打开图像文件的格式。

图 4-12 "打开为"对话框

（3）使用"最近打开文件"命令　在 Photoshop CS5 "文件"菜单的"最近打开文件"子菜单中会显示最近打开过的几个图像文件的文件名，直接选择文件名，即可快速打开相应的图像文件。

第三节 图像文件的基本处理

一、图像尺寸的调整

受拍摄等外在因素影响，图像大小会存在不一致的情况，为了更好地传播和显示，就要对图片尺寸进行调整。

在 Photoshop CS5 中，利用"图像大小"命令可以调整图像的像素值和图像大小。选择"图像"→"图像大小"命令，即可打开如图4-13所示的对话框，该对话框不仅显示了当前图像的宽度、高度和分辨率，还可以通过调整这些参数选项来调整图像的尺寸。

将图4-14所示的图像分辨率由100改为50时，可以看到设置前后的图像尺寸发生了明显的改变，如图4-15所示。

图 4-13 "图像大小"对话框

图 4-14　分辨率为 100

图 4-15　分辨率为 50

二、图像的裁剪

在处理图像时会有很多不需要的部分或者为了突出某些部分需要对图像进行裁切操作，使图像更加理想。

"裁剪"工具 是应用非常灵活的截取图像的工具，既可以通过设置工具栏中的参数获得精确的裁剪设置，也可以通过手动任意控制裁切的大小和旋转图像，将主体对象周围多余的部分删除。

1）打开需要裁剪的图像，如图4-16所示，整张图片的重点信息应该是鞋子，但是由于手提包的位置在整个图片的中间，人们的视觉习惯会先关注手提包，所以要进行裁剪后重新构图，使人们的视觉焦点始终在鞋子上。

2）选取工具箱中的"裁剪"工具，将鼠标光标移至图像编辑窗口中的合适位置，单击鼠标左键并拖曳到合适位置后松开，即可显示一个矩形控制框，如图4-17所示。此时裁剪控制框外部的图像变暗，工具栏显示裁剪的具体选项，可以通过调整其属性选择不同的矩形控制框，使裁剪图像更精确。在使用"裁剪"工具选定区域的同时按下〈Shift〉键，可以创建一个正方形的裁切区域；如果同时按下〈Alt〉键，则可创建以开始点为中心的裁剪区域；如果同时按下〈Shift+Alt〉组合键，则可创建以开始点为中心的正方形裁剪区域。当旋转裁剪控制框的控制节点，并拖动控制点的位置时，即可旋转控制框，如图4-18所示。

3）在图像内双击鼠标左键，或者按下〈Enter〉键，确认得到的裁剪图像，如图4-19所示。

图4-16　需要裁剪的图像

图4-17　矩形控制框

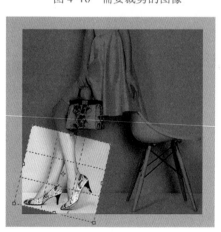

图4-18　拖动控制点的位置旋转控制框

图4-19　裁剪后的图像

第四节　修饰图像

素材图像由于各种原因可能存在问题，所以Photoshop提供了不同的修饰工具来矫正图像的瑕疵。常用的有擦除类工具、修复类工具和图章类工具。

一、擦除类工具

擦除类工具由橡皮擦工具、背景橡皮擦工具、魔术橡皮擦工具组成,用于实现不同的擦除功能,下面以两种工具为例进行详细介绍。

1. 橡皮擦工具

橡皮擦工具 用于擦去图像中的颜色,并填入背景色。可以通过鼠标在不需要的图像上涂抹,将其擦除,比如可以通过擦除人物图片的背景实现抠图。没有新建图层的时候,擦除的部分默认是背景颜色或呈透明状态。可以在橡皮擦工具栏设置模式、不透明度、流量等相关的参数,以得到更好的擦除效果,如图 4-20 所示。

图 4-20 橡皮擦工具栏

如果被擦除的图层为背景图层时,则擦除后将以背景色填充擦除区域,如图 4-21 所示;否则呈透明状态,如图 4-22 所示。

图 4-21 擦除区域为背景色

图 4-22 擦除区域为透明

1）选取"橡皮擦工具"。

2）选择橡皮擦模式"画笔"/"块"。

指定不透明度以定义抹除强度，参数值越大，擦除的强度越强，反之则越小。在"画笔"模式中，指定流动速率。"流量"用来设置橡皮擦擦除的速度。

3）移动鼠标在需要擦除的区域涂抹。

2. 背景橡皮擦工具

背景橡皮擦工具 ![icon] 可以擦除图像中指定的颜色，通过在工具栏（见图4-23）设置相关的参数，智能地擦除我们选取的颜色范围图片。通过属性面板的查找边缘工具，还能识别一些物体的轮廓，可以用来快速抠图，非常方便。

在背景橡皮擦工具栏中，选取"限制"选项："不连续"可抹除出现在画笔下任何位置的样本颜色；"连续"可抹除包含样本颜色并且相互连接的区域；"查找边缘"可抹除包含样本颜色的连接区域，同时更好地保留形状边缘的锐化程度。"容差"选项用来设置擦除时的颜色范围，值越大，擦除范围就越大。选择"取样"选项："连续"可在擦除时不断选取被擦除图像的颜色；"一次"只擦除与最先擦除的颜色一样的颜色区域；"背景色板"只擦除图像中与背景色一样的颜色区域。选择"保护前景色"选项可防止与前景色一样的颜色区域被擦除。

操作方法：

1）打开图像。

2）选择背景橡皮擦工具。

3）在工具栏中设置画笔选项，如图4-24所示。

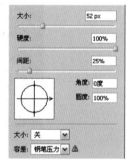

图4-23　背景橡皮擦工具栏　　　　　　　　　　　图4-24　画笔调板

4）调整容差。图4-25所示为容差为20%时擦除的区域，图4-26所示为容差为90%时擦除的区域。

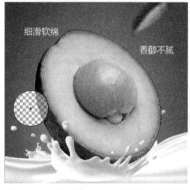

图4-25　容差为20%时擦除的区域　　　　　　　图4-26　容差为90%时擦除的区域

5）拖过要抹除的区域，并根据图片颜色，不断调整容差，以达到最佳的擦除效果，如图4-27所示。

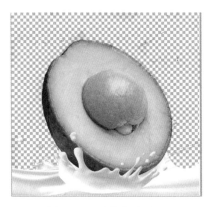

图 4-27　最终擦除效果

二、修复类工具

Photoshop 修复类工具包括污点修复画笔工具、修复画笔工具、修补工具和红眼工具，下面详细介绍三种工具。

1. 污点修复画笔工具

污点修复画笔工具主要用来快速修复图像中的斑点或小块杂物等，使用的时候只需适当调节笔触的大小及在属性栏设置好相关属性，如图4-28所示。然后在图像中需要修的区域单击后拖动即可去除污点。如果污点较大，可以从边缘开始逐步修复。

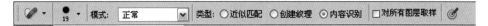

图 4-28　污点修复画笔工具栏

"画笔"：用来设置修复画笔的直径、硬度和角度等参数。

"模式"：用于设置修复时画笔采用的着色模式。

"类型"：用来设置修复过程中采用的修复方式。选中"近似匹配"类型，使用要修复区域周围的像素来修复图像；选中"创建纹理"类型，将使用被修复区域中的像素来创建修复纹细；选中"内容识别"类型，修复效果比用"近似匹配"修复的效果更好。

操作方法：

1）修复前的图像，如图 4-29 所示。

2）设置画笔大小为33，模式为正常，类型为内容识别。

3）在被修复处单击或拖动，如图4-30所示，如果一次单击不能修复干净，就多点几次达到最佳修复效果，修复后的图像如图4-31所示。

图 4-29　修复前的图像　　　　图 4-30　在被修复处单击或拖动　　　　图 4-31　修复后的图像

2．修复画笔工具

修复画笔工具可以用图像中与被修复区域相似的颜色进行修复。修复画笔工具栏，如图4-32所示。

图4-32　修复画笔工具栏

"源"：用于选择修复时所使用的图像来源。选择"取样"，则将使用定义的图像中某部分图像用于修复；选择"图案"，则在其下拉列表中可以选择一种图案用于修复。

"对齐"：选中该选框，只能修复一个固定位置的图像，即修复所得到的是一个完整的图像；若不选中该选框，则可连续修复多个相同区域的图像。

操作方法：

1）打开需要修复的图像，选择"修复画笔工具"，如图4-33所示。

2）按住〈Alt〉键，在修复点的附近或别的地方选择好仿制源，如图4-34所示，松开〈Alt〉键后在修复点上点一下就可以修复，修复后的图像如图4-35所示。

3）可以在属性栏设置相应的画笔大小及不透明度来进行精确修复，也可以在仿制源属性版上设置多个仿制源，方便较为复杂的图片修复。

图4-33　修复前的图像　　　图4-34　按住〈Alt〉键时鼠标的形状　　　图4-35　修复后的图像

3．修补工具

修补工具是较为精确地根据需要修复的区域寻找图像来进行修复的工具。

图4-36所示的修补工具栏中  分别表示创建新选区、增加选区、减少选区以及交叉选区。

图4-36　修补工具栏

"源"选项：选中此选项，在需要修复的图像处创建一个选择区域，然后拖拽到用于修复的目标图像位置，即可使目标图像修复成原选取的图像选区。

"目标"选项：此选项的作用与"源"选项的作用刚好相反。在需要修复的图像上创建一个选择区域，然后将选择区域拖动到修复的目标图像上，即可使用选取的图像修复目标位置上的图像。

"透明"选项：选中此选项，在使用"目标"方式修复图像时将不会对目标图像进行修复。

"使用图案"按钮只有在修补工具绘制选择区域后才有效，用于对选取图像进行图案修复。

操作方法:

1)打开需要修复的图像,选择"修补工具",如图 4-37 所示。

2)在需要修补的地方绘制一个选区,如图 4-38 所示。

3)选择"源"选项,按住鼠标左键不放,把选区拉到旁边,即可完成修补,如图 4-39 所示。

图 4-37　修补前的图像　　　图 4-38　绘制修补选区　　　图 4-39　拖动选区完成修补

三、图章类工具

仿制图章工具可以将图像中部分图像复制到图像中的其他区域。仿制图章工具是专门的修图工具,可以用来消除人物脸部斑点、背景部分不相干的杂物、填补图片空缺等,如图 4-40 所示。

图 4-40　仿制图章工具栏

仿制图章工具栏中前几个功能与前面介绍的工具相关功能相同。

"对齐":勾选中该选项可以多次复制图像,所复制出来的图像仍是选定点内的图像;若未选中该选项,则复制出的图像将不再是同一幅图像,而是多幅以基准点为模板的相同图像。另外需要说明:使用仿制图章工具复制图像过程中,复制的图像将一直保留在仿制图章上,除非重新取样将原来复制的图像覆盖;如果在图像中定义了选区内的图像,复制将仅限于在选区内有效。

操作方法:

1)打开图像,选择"仿制图章工具",如图 4-41 所示。

2)在需要取样的地方按住〈Alt〉键取样,如图 4-42 所示。

3)在需要修复的地方涂抹就可以快速复制图像或消除污点等,同时也可以在属性栏调节笔触的混合模式、大小、流量等,以便更为精确地修复污点。完成仿制的图像如图 4-43 所示。

图 4-41　按住〈Alt〉键取样　　　图 4-42　在需要仿制的地方涂抹　　　图 4-43　完成仿制

第五节　图像的颜色调整

用户对图像进行基本调整或修饰后，可以对照片中的颜色进行调整，或匹配其他喜欢的颜色等细化操作。色彩和色调调整在整个图像的编辑过程中非常重要。色调，是指从整体看，作品是什么主要颜色特征，主色系是什么，泛指整体颜色基调，有红色调、蓝色调、黄色调等；色彩是与黑白灰等单一色的对比，在图像中表现为无彩色和彩色。

一、图像色调的调整

色调是画面色彩的基调，也称为"调子"，是指一组配色或画面总体色彩倾向，是明度、色相和纯度共同作用的结果。用户可以通过色调调整命令来改变色彩间的明暗关系，或者使图像总体色彩偏向某种色彩体系。常使用"色阶""曲线""亮度/对比度"等来调整色调，也可以利用"自动色调""自动对比度"等命令来让系统自动调整。

1. 使用"亮度/对比度"命令调整

"亮度/对比度"命令是一个简单直接的调整命令，是专门用来调整图像亮度和对比度的，常用来调整图像曝光不足或曝光过度的图像。选择"图像"→"调整"→"亮度/对比度"，打开其对话框，如图4-44所示，拖动滑块进行调整即可。如果选择"图像"→"自动对比度"命令，系统将会自动评估图像的整体对比度，并自动做出对比图的调整处理。

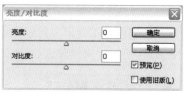

图4-44　亮度/对比度对话框

将图4-45的亮度调为-42，对比度调为27，得到如图4-46所示的效果图。

图4-45　调整前的图像

图4-46　调整后的图像

2. 使用"色阶"命令调整

色阶是指图像中颜色或颜色中的某个组成部分的亮度范围。"色阶"命令（见图4-47）常用来平衡图像的对比度、饱和度及灰度，是照片处理中使用最频繁的命令之一。

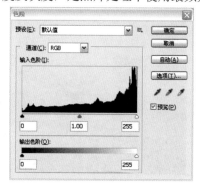

图4-47　"色阶"对话框

"通道"：单击右侧的按钮，在其下拉列表框中可以选择需要调整的通道，不同模式的图像的通道数量是不同的。

"输入色阶"：该栏底部 3 个数值框分别用来调整图像的低色调、半色调和高色调，分别对应底部 3 个滑块。低色调又称为图像阴影，用来降低图像亮度；高色调又称为图像高光，用来增加图像亮度；半色调介于阴影和高光之间，用来向图像添加不同亮度的灰色，以决定增加还是降低图像亮度。

"输出色阶"：其底部两个数值框分别用来向图像混入白色或黑色，分别对应颜色条底部左右两个滑块，用来降低或者增加图像亮度。

✐✐✐：分别为黑场、灰点和白场吸管。单击"吸管"按钮，然后在图像中单击，系统会自动计算单击处的颜色信息，并以该处的亮度去适配图像中的其他颜色，从而实现图像亮度的增加或降低。

将图 4-49 所示的输入色阶调整为如图 4-48 所示的色阶值，得到如图 4-50 所示的效果图。

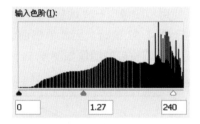

图 4-48　调整输入色阶值

图 4-49　调整前的图像

图 4-50　调整后的图像

3. 使用"曲线"命令调整

与"色阶"命令类似，使用"曲线"命令（见图 4-51）也可以调整图像的亮度、对比度及纠正偏色等，不同的是，该命令的调整范围更为精确。

"曲线调整方式"～：系统默认选择该按钮，在曲线编辑框中 45 度角的曲线上单击可增加调整点，拖动调整点可改变图像的明暗关系。调整曲线时，如果曲线上的部分曲线位于原 45 度曲线上，将增加图像的亮度，否则降低图像的亮度。

"铅笔调整方式"✐：可在曲线编辑框中手动绘制曲线来调整图像的明暗关系。

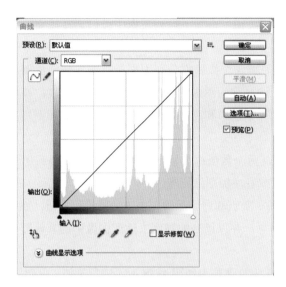

图 4-51　曲线对话框

　　打开一张曝光不足的图片，使用"图像"→"调整"→"曲线"命令，在打开的对话框中可以对曲线的形态进行调整，由于图 4-53 偏暗，因此单击曲线中间部位的控制点并向上提高如图 4-52 所示，由此使得图片变亮。调整后的图像如图 4-54 所示。

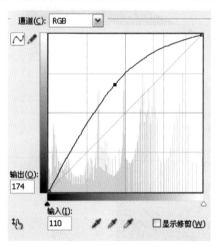

图 4-52　曲线调整方式

图 4-53　调整前的图像

图 4-54　调整后的图像

二、图像色彩的调整

图像色彩的调整方法有很多，常用的有利用 "色相／饱和度""替换颜色""可选颜色" 等命令来调整。

1. 使用"色相／饱和度"命令调整

"色相／饱和度"命令可调整整幅图像或单个颜色分量的色相、饱和度和亮度值，还可以同步调整图像中的所有颜色，如图 4-55 所示。

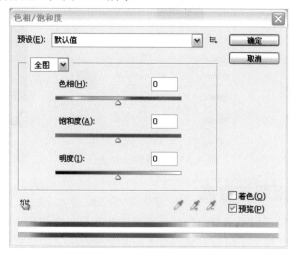

图 4-55 "色相／饱和度"对话框

全图 ▼ ：该选项框用于选择要调整的基准颜色或全图。

"色相／饱和度／明度"：左右拖动滑块，可降低或增加被调整色彩对应的色相、饱和度或明度。

着色：选中该复选框后，如果前景色是黑色或白色，图像会转换为红色；如果前景色不是黑色或白色，则图像会转换为当前前景色的色相，变为单色图像以后，可以拖动"色相"滑块来修改颜色的色相，或拖动下面两个滑块来调整饱和度、明度。

2. 使用"替换颜色"命令调整

使用"替换颜色"命令可以改变图像中部分颜色的色相、饱和度和明度，从而达到改变图像色彩的目的。

操作方法：

1）打开需要调整的图像，如图 4-56 所示。

2）用增加颜色喷枪吸取需要替换的颜色，旁边的颜色框显示了吸取的颜色；并调整其颜色容差为 123。"颜色容差"：用于调整替换颜色的图像范围，数值越大，被替换颜色的图像区域越大。预览框中的图像在选区状态下以黑白显示，白色表示将要被调整的颜色所在的区域，图 4-57 所示为设置的情况。

3）分别拖动"替换"栏中的色相、饱和度滑条上的滑块，以改变当前选择颜色的色彩，然后单击"确定"按钮，得到如图 4-58 所示的效果。

图 4-56　调整前的图像　　　　图 4-57　替换颜色对话框　　　　图 4-58　调整后的图像

第六节　图像的抠取与合成

在图像处理和应用中我们经常要抠取某幅图片中的部分内容与其他图片合成。抠图是把任意形状的前景物体从自然图像中提取出来，合成则是把提取出来的前景物体和另外一幅背景图像合成为新的图像。

一、图像的抠取

在 Photoshop 中抠取图像的方法有很多，除了前面提到的利用背景橡皮擦来抠图，还可以利用磁性套索工具、魔术棒工具、钢笔工具等来快速、准确地抠取图像。

1. 磁性套索工具

磁性套索工具（见图 4-59）可以沿颜色边界捕捉像素来绘制选区，描绘物体边缘时，套索线会自动吸附在靠近图像的边缘上。该工具适用于快速选择与背景对比强烈，并且边缘复杂的对象。

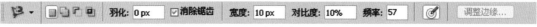

图 4-59　磁性索套工具栏

这 4 个图标按钮分别表示新选区、增加到选区、减少选区以及交叉选区。

"新选区"：可以选择新的选区。

"添加到选区"：可以将绘制的新选区与已有选区合成为同一个选区，按住〈Shift〉键也可以添加选区。

"减少选区"：可以使用新绘制的选区减去已有的选区，如果新选取的范围和原来的区域没有重叠，此时图像将不会有任何改变；如果新选中的范围和原来的选区有重叠的部分，则重叠部分将从原来的选区中删除掉。

"交叉选区"：可以将新绘制的选区与已有的选区相交，选区结果为相交的部分；如果新绘制的选区与已有选区无相交，则图像中无选区；单击该按钮，继续在图像中绘制。

"羽化"：设置不同的羽化值，可以得到不同程度的平滑选区。

"消除锯齿"：勾选此复选框后，选区边缘的锯齿将消除。

"宽度"：是指检测边缘的宽度，只探测从光标开始指定距离以内的边缘。

"对比度"：是指对图像中边缘的灵敏度，取值范围为 0～100，较高的值只探测与周围有强烈对比的边缘，较低的值只探测低对比度的边缘。

"频率"：是指以什么间隔点设置节点，参数设置范围为 0～100，值越大则产生的节点就越多，这些节点起到了定位作用。

▨：此工具用于使用绘图板压力，以更改钢笔宽度。

操作方法：

1）打开图像（见图 4-60），选择"索套"→"磁性索套"工具，设置相关的参数。

图 4-60　原图像

2）沿着图像边界放置边界点，两点之间会自动产生一条线，并黏附在图像边界上，边界模糊处需仔细放置边界点，如图 4-61 所示。

图 4-61　沿图像边界放置边界点

3）索套闭合后，抠图就完成了，如图 4-62 所示。

图 4-62　完成抠图

2．魔术棒工具

魔术棒工具（见图 4-63）可以选择颜色相同或相近的区域。还可以通过设置工具属性栏中的"容差"选项值和其他选项，精确地选取对象。

图 4-63　魔术棒工具工具栏

"容差"：可以输入 0 ～ 255 的数值，取值越大容差的范围越大；相反，取值越小容差的范围越小。

"对所有图层取样"：该选项用于有多个图层的图像。选中时，可选取所有图层中颜色相近的区域。不选时，魔棒工具只在当前应用的图层上识别选区。

操作方法：

1）打开图像（见图 4-64），选择"魔棒工具"→"魔术棒工具"，调整工具栏属性选框为添加到选区 。

图 4-64　打开图像

2）用魔术棒点背景色，会出现虚框围住背景色，如图4-65所示。

图4-65　虚框围住背景色

3）如果对虚框的范围不满意，可以先按〈Ctrl+D〉键取消虚框，再对上一步的"容差"值进行调节。

如果对虚框范围满意，按〈Ctrl +Shift+I〉键进行反选，就得到了单一的图像，完成抠图，如图4-66所示。

图4-66　删除背景色，得到了单一的图像

3．钢笔工具

钢笔工具是 Photoshop CS5 功能强大的路径绘制工具，能够精确地创建直线和曲线路径，是进行抠图的一个重要工具。选择该工具后会自动选择路径按钮，如图4-67所示，表示将通过钢笔工具绘制路径。

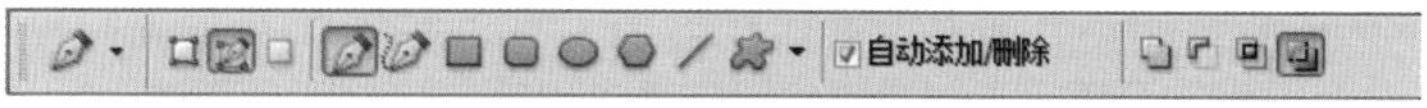

图 4-67　钢笔工具栏

"图层样式"：用于绘制形状图层，也可以对绘制的区域直接填充颜色。

"绘制类型"：用于在钢笔工具和自由钢笔工具以及各种形状工具间进行切换。

"绘制模式"：该组按钮与选区工具对应的按钮功能完全一致。

"自动添加 / 删除"：在绘制路径过程中，当在已绘制的线段上单击时可以在该线段上添加新锚点，当在已生成的锚点上单击时可删除该锚点。

"自定义路径" □□○○／☆·：可以像绘制形状一样绘制系统定义好的具有固定外形的路径。

操作方法：

1）打开图像，如图 4-68 所示，选择"钢笔工具"。

2）单击创建第一个锚点，沿图形边缘绘制平滑路径，按住〈Alt〉键单击锚点，平滑点可以转变为角点，按住〈Ctrl〉键单击任意锚点并拖动鼠标，可移动锚点，如图 4-69 所示。"钢笔工具"描边时要按〈CTRL〉键进行曲线的修正，按〈Alt〉键可以快速增加节点进行快速描边。当勾边错误时可以按〈DEL〉键进行删除一个节点。当全部描完后，可以右击建立选区，如图 4-70 所示。

3）按〈Ctrl +Shift+I〉键进行反选，删除选择区域，完成抠图，如图 4-71 所示。

图 4-68　打开图像

图 4-69　拖动鼠标，移动锚点

图 4-70　建立选区

图 4-71　完成抠图

二、图像的合成

对于一些图片，我们要进行置换背景，或是添加其他图像以使图片更加美观，或是展现不同的表现方式，这时就要对图像进行合成。图像的合成是在抠取图像的基础上将两幅或两幅以上的图片合成一张图片。操作方法如下：

1）打开想要处理的两张图片，并平铺到工作窗口中，如图4-72所示。

图4-72 平铺需要处理的两张图片

2）直接用选择工具将舞者图像移动到另一张图片上。按〈Ctrl+T〉快捷键调整图片到合适大小，如图4-73所示。

图4-73 移动图像并调整大小

3）用橡皮擦工具将舞者图像原背景擦除，如图 4-74 所示。

图 4-74　擦除舞者图像原背景

本操作方法中也可以利用抠取图像的方法先将舞者抠取出来，然后再复制到梦幻场景的图片中，实现合成。

第七节　编辑图像文本

在图片中加入文字，不仅能很好地表达图片信息，更能美化作品。

一、输入文字

1）Photoshop 文字工具组有横排文字工具、直排文字工具等，使用它们可以创建不同的文字效果，如图 4-75 所示。

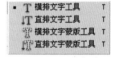

图 4-75　Photoshop 文字工具组

文字工具组中各文字工具的作用如下：

"横排文字工具"：可以在图像窗口中沿水平方向输入文字，且在图像文件中创建新的文字图层。

"直排文字工具"：可以在图像窗口中沿垂直方向输入文字，且在图像文件中创建新的文字图层。

"横排文字蒙版工具"：可以在图像窗口中设置水平文字开关的选区。

"直排文字蒙版工具"：可以在图像窗口中设置垂直文字开关的选区。

文字工具组中各种工具的工具栏基本相同，图 4-76 所示为"横排文字工具"的工具栏。

图 4-76　"横排文字工具"的工具属性栏

"更改文本方向"：可以将当前文字在横排文字和直排文字之间进行转换。

"设置字体"：在该选项列表框中可以选择不同的字体。

"字体样式"：为字符设置样式。

"字体大小"：可以选择字体的大小，或者直接输入数值来进行调整。

"消除锯齿的方法"：可以消除文字锯齿。Photoshop 会通过部分填充边缘来产生边缘平滑的文字，使文字的边缘混合到背景中看不出锯齿。

"文本对齐"：设置文本对齐方式。

"文本颜色"：单击颜色块，可以在打开的"拾色器"对话框中设置文字的颜色。

"文本变形"：可以在打开的对话框中为文本添加变形样式，创建变形文字。

"显示/隐藏字符和段落面板"：显示/隐藏"字符"和"段落"面板。

2）选择相应的文字工具，设置工具栏属性，即可在图片中输入文字，方法如下：打开图片文件后，在工具箱中选择文字工具，设置好工具栏属性后，在工作窗口单击，确定文字插入点后就可以输入相应的文字了，如图4-77所示。

图 4-77 输入文字

二、设置文本格式

输入文字后，为了使文字更具有美观性，可以对文字进行编辑，主要包括设置字符属性、段落文字格式（见图4-78）以及创建文字变形样式（见图4-79）等。

图 4-78 "字符"对话框

图 4-79 "段落"对话框

"字符"对话框可以精确地控制文字图层中的个别字符，其中包括字体、大小、颜色、字距微调、字距调整等。在"段落"对话框中可以设置文本对齐方式等。

使用"变形文字"可以对文字进行多种变形。将图上文字的文字样式设置为"凸起"，并调整其弯曲参数为+41%、水平扭曲参数为-39%、垂直扭曲参数为+8%，如图4-80所示，最后得到如图4-81所示的变形文字。

图4-80　变形文字对话框　　　　　　　　　　　图4-81　变形文字

三、为文字添加水印效果

为了使图像更具设计感和美感，可以设计各种创意文字，比如为文字添加水印效果。

操作方法：

1）打开图像并输入文字，设置字体，如图4-82所示。

图4-82　设置字体

2）按〈Ctrl+T〉键旋转文字角度，复制图层（见图4-83）并调整文字位置。

图4-83　复制图层

3）调整每个图层的不透明度，即可为图形添加水印效果，如图 4-84 所示。

图 4-84　水印效果

本 章 小 结

本章主要介绍了 Photoshop CS5 的基础知识和基本操作，图像的基本处理、修饰及颜色调整，以及图像抠取与合成、文本编辑。通过学习操作 Photoshop CS5，为网店美工的深入学习奠定基础。

本 章 习 题

一、填空题

1．Photoshop CS5 的工作界面主要由＿＿＿＿、＿＿＿＿、＿＿＿＿、＿＿＿＿、＿＿＿＿、和面板组等部分组成。

2．图形图像分为＿＿＿＿和＿＿＿＿两种类型。

3．＿＿＿＿是应用非常灵活的截取图像工具，既可以通过设置工具栏中的参数获得精确的裁剪设置，也可以手动自由控制裁剪图像的大小。

4．＿＿＿＿和＿＿＿＿可以将图像区域擦除为透明或用背景色填充，＿＿＿＿可以将图层擦除为透明的图层。

5．＿＿＿＿命令可调整整幅图像或单个颜色分量的色相、饱和度和亮度值，还可以同步调整图像中的所有颜色。

二、简答题

1．图层具有哪三方面的特性？

2．改变图像窗口和大小的方法有哪些？

5
CHAPTER

第五章
淘宝店铺个性设计

1. 掌握店铺店招的制作方式。
2. 了解如何制作宣传海报。
3. 制作个性轮播图来展示产品。
4. 理解怎样恰当地设计首页焦点图。
5. 学会选择店铺首页商品的布局方式。

第一节 店铺店招

店招是店铺给人的第一印象，好的店招不仅能吸引用户的眼球，带来订单，同时能起到品牌宣传的作用。本节与大家一起分享一则高品质男鞋店铺的店招设计，这是以突出品牌形象为主题的网店，在设计店招时可利用留白的方式来实现。具体来讲，首先要通过光影来确定店招版面的视觉中心，然后通过设计细节的提升来凸显品牌的形象。最终设计效果如图5-1所示。

图 5-1　最终设计效果

1. 创建店招背景

打开 Photoshop CS5 软件，单击"文件"→"新建"命令，新建一个950像素×120像素的文档。将前景色设置为 #b6975f，背景色设置为 #a2834e，选择"渐变工具"，制作如图 5-2 所示的径向渐变效果，目的是让店招的背景基色更有质量感，从而与品牌形象相符合。新建一个空白图层，命名为"光影"，将前景色设置为白色，背景色设置为黑色，选择"渐变工具"，制作如图 5-3 所示的径向渐变效果。之后更改图层的混合模式为"叠加"，不透明度设置为40%，效果如图 5-4 所示。

图 5-2　背景图层径向渐变效果

图 5-3　光影图层径向渐变

图 5-4　光影图层混合模式

2．定义前景图案

新建一个空白文件，"前景内容"设置为透明，"文档大小"设置为 3 像素 ×3 像素，将前景色设置为黑色，选择"铅笔工具"，在选项栏设置笔触的直径大小为 1 像素，在文档中连续单击鼠标，制作出如图所示的图案效果，然后执行"编辑"→"定义图案"命令，将所绘制的矩形定义为图案，如图 5-5 所示。

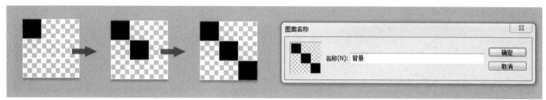

图 5-5　自定义图案

3．填充店招背景

返回设计文档中，再次新建一个空白图层，命名为"图案填充"，按〈Shift+F5〉组合键，打开"填充"面板，在"自定图案"下拉列表中选择我们定义的图案作为填充图案，如图 5-6 所示；同样将"图案填充"图层的混合模式更改为"柔光"，如图 5-7 所示。按〈Ctrl+J〉组合键，创建"图案填充"图层的副本图层，执行"编辑"→"变换"→"水平翻转"命令，得到精细的网状前景，效果如图 5-8 所示。

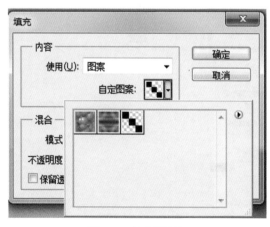

图 5-6　填充面板

图 5-7　新建"图案填充"图层

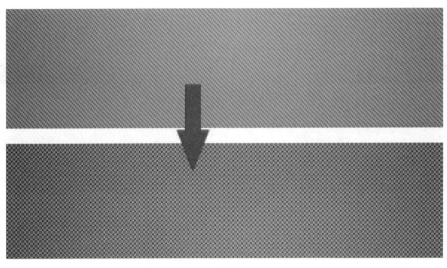

图 5-8 图案填充前后变化

4. 制作收藏标签

将前景色设置为 #81511，然后选择"自定义形状"工具，绘制如图 5-9 所示的锯齿多边形标签。选择横排文字工具，输入相应的方案内容。

图 5-9 锯齿多边形标签

5. 制作凹凸的分割线

选择"铅笔工具"，绘制一条宽度为 1 像素的水平直线，为直线添加"斜面和浮雕"样式效果（见图 5-10），最终效果如图 5-11 所示。

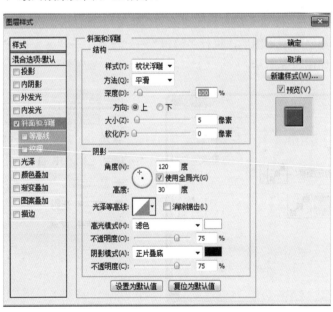

图 5-10 图层样式

图 5-11　凹凸的分割线

6．制作文字特效

选择"横排文字工具"，输入品牌名称的文案内容，为方案内容添加"渐变叠加"图层样式效果（见图 5-12）。渐变方式为从 #3c3c3c 到 #1b1b1b 的"线性渐变"（见图 5-13），最终效果如图 5-14 所示。

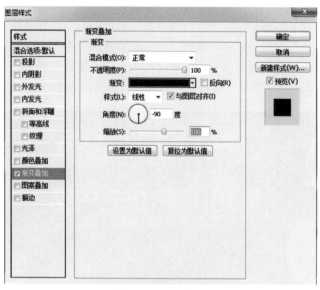

图 5-12　图层样式

图 5-13　渐变叠加

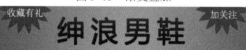

图 5-14　文字特效

7. 添加其他辅助方案

特别添加英文文案，用精细的虚线段引导浏览者注意"加关注"和"收藏有礼"（见图 5-15）。

图 5-15　店招设计最终效果

第二节　宣传海报

一张漂亮的海报能让店铺显得更专业，增加客人购买的信心。海报做得好，更能激起客人的购买欲。每一张海报不仅是一种高效益的广告，更是一位尽忠职守、默默奉献的导购员。善于运用海报，不仅仅会提升店铺的品味，更能让顾客一目了然地看到所需产品的信息。本节就教大家设计、制作一张新店促销的宣传海报，其最终效果如图 5-16 所示。

图 5-16　宣传海报最终效果

1. 创建文档

打开 Photoshop CS5 软件，单击"文件"→"新建"，新建一个 980 像素 ×400 像素名称为 banner 的文档（见图 5-17）。设置前景色为 #f5bd34，并按〈Alt+Delete〉填充背景（见图 5-18）。

图 5-17　新建文档

图 5-18　背景色设置

2．添加渐变效果

选择"渐变工具"（见图 5-19），单击左上角的选项框进入"渐变编辑器"，选择"前景色透明渐变"，前景色设置为 #f0a324（见图 5-20）。在图层上面水平方向左右各拉下，就会得到如图 5-21 所示的效果。

图 5-19　选择工具　　　　图 5-20　渐变编辑器

图 5-21　渐变效果

3．做中间的圆形

选择"形状工具"→"椭圆工具"（见图 5-22），然后按〈Shift〉键，再用鼠标左键在画布上画一个正圆（见图 5-23）。单击"添加图层样式"为图层 2 做一个"投影"图层样式（见图 5-24），投影参数设置如图 5-25 所示，阴影颜色为 #462c00。投影效果如图 5-26 所示。

图 5-22　选择工具

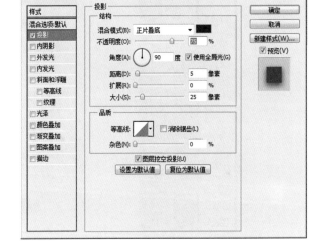

图 5-23　画布上画圆

图 5-24　选择样式

图 5-25　投影参数设置

图 5-26　投影效果

4．制作棕色圆

按〈Ctrl+J〉键复制白色图层，按〈Ctrl+T〉键自由变换缩小圆，等比缩小到如图5-27所示的大小。小圆填充棕色#885e0c（见图5-27）。单击"右键"→"清除图层样式"，使棕色圆没有阴影效果（见图5-28）。

图5-27　加入棕色圆

图5-28　清除图层样式

5．做红色渐变效果

按〈Ctrl+J〉键继续复制白色图层，按〈Ctrl+T〉键自由变换缩小圆，投影效果不清除。右键单击这个图层，选择"栅格化图层"，如图5-29所示。按住〈Ctrl〉键，单击此图层，将这个圆"载入选区"，当图层蚂蚁线闪烁的时候，说明操作正确，再在工具栏中选择"渐变工具"，前景色设置为#eb4328，背景色设置为#91150e（见图5-30）。红色渐变效果如图5-31所示。

网店美工

图 5-29　栅格化图层　　　　　图 5-30　渐变编辑器

图 5-31　红色渐变效果

6．做渐变小圆

图层样式参数如图 5-32 所示，投影效果不清除，最终效果如图 5-33 所示。

图 5-32　图层样式参数

图 5-33　做左边的渐变小圆

7．立体边框效果

各自添加白色小圆。设置立体边框效果，作用是做蒙版，往里面填充产品图片。立体边框效果如图 5-34 所示。

图 5-34　立体边框效果

8．填充产品图片

单击白色小圆，将产品图片拖进来，在图层栏中单击鼠标右键。选择"创建剪贴蒙版"。按〈Ctrl+T〉键自由变换调整大小就可以了。最终效果如图 5-35 所示。

图 5-35　填充产品图片

9．制作渐变文字

使用"文字工具"，字体选用"方正粗黑"。单击"图层"→"图层样式"→"投影"，投影参数如图 5-36 所示。单击渐变颜色条，前景色设置为 #ffa800，背景色设置为 #f2fdbb（见图 5-37）。最终效果如图 5-38 所示。

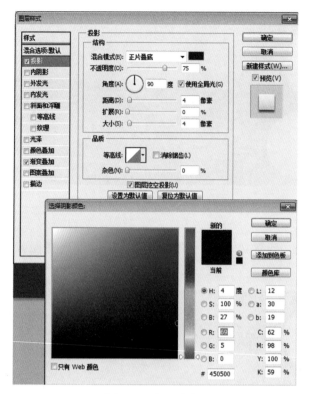

图 5-36　投影参数

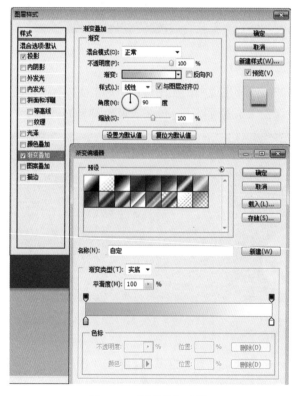

图 5-37　渐变叠加参数

图 5-38 文字效果

10.制作银色闪亮文字

复制金色文字,缩小文字大小到合适比例。银色效果只需修改"渐变叠加"参数即可。单击一下色标尺,在中间添加一个颜色。从左到右三个颜色分别是 #c4c0bd、#eaeaea、#ffffff(见图 5-39)。最终效果如图 5-40 所示。

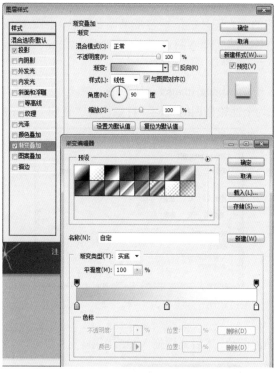

图 5-39 渐变叠加参数

图 5-40 银色闪亮立体效果文字

11．添加文案

添加活动时间等文案信息（见图5-41），调整整体布局效果，至此大功告成。

图 5-41　添加文案

第三节　个性动态图

作为一名顾客，在淘宝上购物时，打开网店最吸引眼球的是什么？是网店的动态图片。为什么这么说呢？因为网店的动态图片能给顾客带来很多信息，网店的动态图片的好坏直接影响到产品的点击量、浏览量等，那么动态图片要怎样做呢？本节将一步一步教你做动态图。

1．新建文档

打开 Photoshop CS5 中的 Abode Imageready 软件，单击"文件"→"新建"，新建一个790 像素 ×400 像素名称为个性轮播图的文档，背景内容"透明"（见图5-42）。

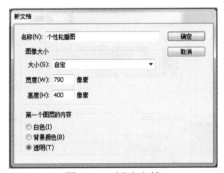

图 5-42　新建文档

2．打开相关图片

打开需要做成动态图的图片，然后分别拖入相应图层（见图 5-43）。最终效果如图 5-44 所示。

a）

图 5-43　打开要轮播的图片

b）

c）

图 5-43　打开要轮播的图片（续）

图 5-44　图片的相应位置

3．编辑动画

"动画窗口"的第一帧默认为最上面图层显示的内容。这时单击"动画窗口"的"复制"按钮，复制当前帧就会出现第二帧，将 3 个图片都复制完毕。关闭"图层窗口"中最上一层的眼睛，则"动画窗口"的第二帧出现的是第二个图片（见图 5-45）。

重复步骤三，把其他帧都编辑好。

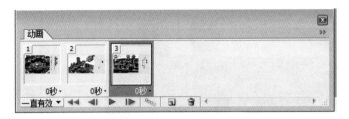

图 5-45 动画中图片的顺序

4．修改帧时间

单击"动画窗口"中的"0 秒"处，选择帧的延迟时间，按照个人喜好调整每帧的时间（见图 5-46）。

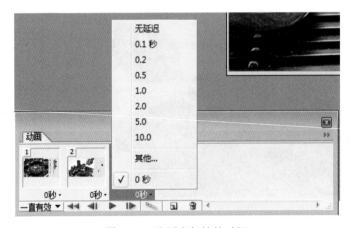

图 5-46 动画中每帧的时间

5．播放动画

每帧的时间都调整好后，单击"动画"按钮，播放动画。查看效果，反复调整时间，直到达到理想效果为止（见图 5-47）。

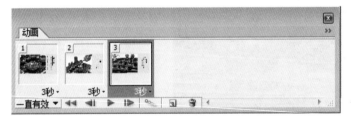

图 5-47 测试动画

6．保存动画

先按〈Ctrl+S〉键保存"mylogo"文件，便于以后编辑使用。然后就是最关键的一步，把动态店标保存为 gif 格式：单击"文件"→"将优化结果存储为"，在弹出的保存窗口中，"保存类型"一定要选择 gif 格式，写上文件名称，整个动画文件就可以上传，展示在商铺招牌上了（见图 5-48）。

图 5-48 保存动画

第四节 首页焦点图

店铺的转化率与首页焦点图密切相关，良好的视觉体验可以让买家留下深刻的印象。首页焦点图是最能体现店铺特色的窗口，做好了首页焦点图的视觉营销，就成功了一半。我们会发现许多大卖家都有很炫的首页焦点图，每一个首页焦点图都很有特色，在色彩、格调和模特的观感上都很有吸引力，这些都影响了店铺的转化率。

一、首页焦点图的设计

1．合理的色彩搭配

不同类型的"宝贝"采用不同的色彩，如服装类中少女系列多采用暖色调来体现少女情怀，而职场女性系列则用深色系体现职场女性的高端大气。有些图片要加上浓烈的色彩反差，产生强烈的视觉冲撞，冲击买家的内心世界，让他们产生抑制不住的冲动——"买""买""买"！合理的色彩搭配，如图 5-49 所示。

图 5-49 合理的色彩搭配

2．模特恰当的造型

在有模特展示的"宝贝"中，我们首先要充分了解"宝贝"的特点，然后让模特做出恰当的造型来展示"宝贝"的格调，淘宝有很多同一类型的"宝贝"，模特的造型要摆出自己独特的格调，用一些夸张的动作和肢体语言来摆拍，以期吸引买家的眼珠，避免首页焦点图同质化。模特恰当的造型，如图5-50所示。

图 5-50　模特恰当的造型

3．突出局部的展示

有些焦点图只展示模特肢体的局部却占了画面的好大一部分，视觉上给人一种突出的感觉，把买家的眼珠瞬间集中到此处，这种突出局部的展示方法，就像维纳斯一样给人留下想象空间，会给买家带来视觉和心灵的双重冲击（见图5-51）。夏装新品首发，如图5-52所示。

图 5-51　突出局部的展示

图 5-52　夏装新品首发

二、设计流程

1. 创建文档

打开 Photoshop CS5 软件，单击"文件"→"新建"命令，新建一个 1680 像素 ×600 像素的文档（见图 5-53）。

图 5-53　创建文档

2. 新建图层"模特"

打开素材"模特"（见图 5-54），插入新建图层"模特"，按〈Ctrl+T〉键将图片调整到合适大小。调整后的效果，如图 5-55 所示。

图 5-54　素材"模特"

图 5-55　调整后的效果

3. 制作立体效果矩形

新建"图层 1",设置背景色为 #ffffff,使用"矩形选框工具"设置参数,如图 5-56 所示,然后在图层 1 的合适位置单击,出现一个矩形选框,最后用快捷键〈Alt+Delete〉填充。为图层 1 设置图层样式"斜面和浮雕",参数设置如图 5-57 所示。最终效果如图 5-58 所示。

图 5-56 矩形选框工具参数

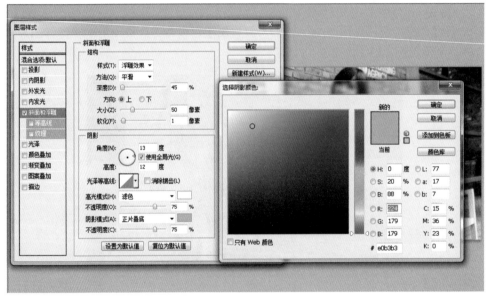

图 5-57 斜面和浮雕参数

图 5-58 最终效果

4．制作多重矩形方框

在图层 1 中用"魔棒工具"选择上一步中编辑的矩形，然后新建"图层 2"，单击菜单栏"选择"→"修改"→"收缩"，设置收缩量为 30 像素，如图 5-59 所示，设置前景色为 #000000，按快捷键〈Alt+Delete〉填充。单击菜单栏"选择"→"修改"→"收缩"，设置收缩量为 10 像素，设置前景色为 #ffffff，按快捷键〈Alt+Delete〉填充。单击菜单栏"选择"→"修改"→"收缩"，设置收缩量为 20 像素，设置前景色为 #000000，按快捷键〈Alt+Delete〉填充。单击菜单栏"选择"→"修改"→"收缩"，设置收缩量为 5 像素，设置前景色为 #ffffff，按快捷键〈Alt+Delete〉填充。收缩最终效果如图 5-60 所示。

图 5-59　收缩参数设置

图 5-60　收缩最终效果

5．设计横排文字

选择"横排文字工具"，输入文字"夏装新品首发"，字体为"宋体"，大小为"80 点"，颜色为 #000000，最终效果如图 5-61 所示。选择"横排文字工具"，输入文字"Summer New Arrivals"，字体为"Papyrus"，大小为"30 点"，颜色为 #000000，最终效果如图 5-62 所示。

图 5-61　文字"夏装新品首发"最终效果

图 5-62　文字"Summer New Arrivals "最终效果

6．制作两重圆形

新建"图层 3"，设置背景色为 #18fa37，使用"椭圆选框工具"中"样式"固定大小，宽度为 110px，高度为 110px，然后在图层 1 中相应位置单击，出现一个圆形选框，最后按快捷键〈Alt+Delete〉填充。制作圆形后效果如图 5-63 所示。单击菜单栏"选择"→"修改"→"收缩"，设置收缩量为 5 像素，设置前景色为 #86ee31，按快捷键〈Alt+Delete〉填充，最终效果如图 5-64 所示。

图 5-63　制作圆形后效果

图 5-64　最终效果

7．圆形内加入文字

选择"横排文字工具"，输入文字"5.30"，字体为"Goudy Stout"，大小为"24 点"，颜色为 #ffffff。文字"5.30"最终效果如图 5-65 所示。新建"图层 4"，按〈Ctrl〉键的同时单击文字图层"5.30"载入选区，然后单击菜单栏"编辑"→"描边"，参数宽度为 1px，颜色为 #000000。文字"5.30"描边最终效果如图 5-66 所示。选择"横排文字工具"，输入文字"首发"，字体为"楷体"，大小为"24 点"，颜色为 #ffffff。文字"首发"最终效果如图 5-67 所示。

图 5-65　文字"5.30"最终效果

图 5-66　文字"5.30"描边最终效果

图 5-67　文字"首发"最终效果

8. 继续加入横排文字

选择"横排文字工具"，输入文字"———————— 遇见·夏天在笑 ————————"，字体为"楷体"，大小为"26 点"，颜色为 #3b3838，最终效果如图 5-68 所示。选择"横排文字工具"，输入文字"夏天不止眼前的美，还有邂逅和远方！"，字体为"新宋体"，大小为"13 点"，颜色为 #6c6767，最终效果如图 5-69 所示。选择"横排文字工具"，输入文字"限时优惠 / 仅限 24 小时"，字体为"黑体"，大小为"30 点"，颜色为 #039103，最终效果如图 5-70 所示。

图 5-68　文字"遇见·夏天在笑"最终效果

图 5-69　文字"夏天不止眼前的美，还有邂逅和远方！"最终效果

图 5-70　文字"限时优惠 / 仅限 24 小时"最终效果

9. 拉出矩形加入文字

新建 "图层 5"，设置背景色为#039103，使用 "矩形选框工具"，用鼠标左键拉出合适选区，然后按快捷键〈Alt+Delete〉填充。调整后的效果如图 5-71 所示。选择 "横排文字工具"，输入文字 "5 月 30 日 09:00-5 月 31 日 09:00"，字体为 "黑体"，大小为 "18 点"，颜色为#ffffff，最终效果如图 5-72 所示。

图 5-71　调整后的效果

图 5-72　文字 "5 月 30 日 09:00-5 月 31 日 09:00" 最终效果

10. 制作矩形加入文字

新建 "图层 6"，设置背景色为#ffffff，使用 "矩形选框工具"，用鼠标左键拉出合适选区，最后按快捷键〈Alt+Delete〉填充，最终效果如图 5-73 所示。选择 "横排文字工具"，输入文字 "MEET SUMMER LAUGHING"，字体为 "Bodoni MT"，大小为 "14 点"，颜色为

#000000，最终效果如图 5-74 所示。

图 5-73　调整后的效果

图 5-74　文字"MEET SUMMER LAUGHING"最终效果

第五节　商品陈列布局

　　网店不仅在色调风格上要有明确的定位，还要让买家拥有良好的用户体验，这样才能让买家进入你的网店后不愿走，不想走，不肯走。要想让买家花更多的时间留在网店浏览商品，那么在网店的首页就要有一个合理的功能布局及货品陈列，这是让买家有良好的用户体验的重要手段。

　　常见的布局类型有以下几种：

1．爆款式布局

　　网店的前三屏也称黄金 30 秒，是提高店铺整体转化率的最佳位置。一个网店的前三屏的点击率是最高的，随着位置越往后点击率就越低，因此买家一般会在前三屏找到他们想要的商品，故称前三屏为黄金 30 秒，那么卖家就要充分利用好前三屏将主打商品推销出去。

　　爆款是指在商品销售中供不应求，销售量很高的商品，就是通常所说的卖得很多，人气很高的商品。这也形成了淘宝上的"二八效应"。爆款商品就是这个"二八效应"里的那个"二"，那么我们就要做大这个"二"，让它成为网店的大卖点。

　　爆款式布局（见图 5-75）就是用焦点图的方式将爆款或者潜力爆款商品放在前三屏，占据网店的最佳展示位置。放在前三屏的商品要根据每天的销售数据和转化数据，定期或不定期地不断更新，不断根据情况调整商品和商品位置，力求良好销售的势头延续下去。

图 5-75 爆款式布局

2．主推新款的布局

当我们推出新款产品的时候都会对它有较高的期望，希望它在短期内就有好的业绩，那么怎么来放置是一个需要慎重考虑的问题。新款产品的放置（见图 5-76）有多种方式，可以单独设置新品发布区，也可以将新品穿插到热卖商品区中，帮助其提升点击率和转化率。一开始可以针对每批新品选择一两个主推款放在第三屏，对陈列的图片在大小方面做错落设计，这样能让买家产生新鲜感，避免产生视觉疲劳。一旦新款产品的转化率和点击率达到一定高度，立刻就会变为潜力爆款，后续进行二次包装，通过直通车或者报名参与活动以加足流量，可以让其转变为爆款。

图 5-76 新款的放置

3．大促式布局

已经过季的、断码的、转化率降低的且库存不足的旧款应该如何处置？此类商品一般可以设置清仓区，在首页设置对应入口，常见的是放在页面下端，或者让这些商品参加季节性活动促销，促销页面越简单越好，描述清晰一些，别让买家费解。当然，也可以转变成礼品，以作为老顾客或大单回馈用，赚个好口碑。

如果商品少，一排可以陈列 2 ～ 3 个商品，如果商品多，一排可以陈列 3 ～ 4 个商品，不要想着尽可能地多放一点。以单品陈列为主，不要设置多级跳转，把要卖的商品尽可能在一个页面展示完全。大促式布局，如图 5-77 所示。

U领泡泡纱无袖连衣裙　吊牌价398 ￥239　　拼接纱纱短袖连衣裙　吊牌价338 ￥169　　镶荷叶边裸肩吊带连衣裙　吊牌价398 ￥239

枫叶印花撞色连体短裤　吊牌价578 ￥289　　气质V领彩花大摆连衣裙　吊牌价798 ￥399　　衬衫领无袖连衣裙　吊牌价778 ￥389

图 5-77 大促式布局

4．突出式布局

在店铺的常规陈列中，边边角角也需要注意到。首先是图片的大小：在整个页面上不能将所有陈列商品的图片大小设为一致，应有 2～3 个大图，这样大小有别会形成主次之分；其次是图片的颜色：同一行四个或者五个商品陈列的时候，尽可能将暖色调或者冷色调的放置在一起，这样有助于色调统一和谐，但同时需要避免同一颜色密集排列，要做到错落有致；再次是商品的价格：每一行各个位置上的商品价格也有讲究。人在浏览商品的过程中会有一种习惯，极易把相邻的两个商品价格做比较，因此应该根据商品价格做到中、低、高价的排列分布，这样会让中等价位的商品成交量增加，同时让对价格敏感度比较高的买家群体能在这一行迅速找到自己需要的商品，以及通过相邻价格的比较促进买家的购买欲望；最后，同一个类目的商品放在同一行内有助于买家找到自己所需要的商品。突出式布局，如图 5-78 所示。

图 5-78　突出式布局

██ 本章小结

　　好的店铺装修可以有效地提高销售业绩，这一点是毋庸置疑的。店铺设计要有充分的视觉冲击力，内容要精练，以图为主，以文案为辅，并要凸显主题，以便买家可以直观地了解产品性能，提高转化率。在设计技巧方面要充分运用画笔、钢笔、渐变等工具，根据不同的销售目的、时间、客户群进行调整。归根结底，就是要把最好的产品用最适合的方式展现给最优质的客户。

██ 本章习题

1．渐变工具有多少种渐变效果，请写出具体的种类？

2．添加图层样式具体有哪些方法？

3．利用图 5-79～图 5-81（见电子资源包）制作一个动态图。

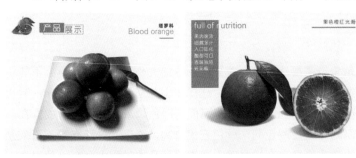

图 5-79　分图一　　　　　　　图 5-80　分图二　　　　　　　题 5-81　分图三

4．首页焦点图设计结构一般有几种版式？具体是什么？

5．商品陈列有几种布局？各有什么针对性？

6 第六章
CHAPTER
图片切片与优化

学习目标

1. 掌握 Photoshop 切片工具的使用技巧。
2. 了解 Fireworks 切片工具的使用技巧。

第一节 使用 Photoshop 进行切片

切片是将图片转换成可编辑网页的一座桥梁，通过切片可以将普通图片变成 Dreamweaver 可以编辑的网页格式。当一张很大的图片在网店上显示时，浏览器下载该图片需要花很长时间，切片的使用使整个图片分为多个不同的小图片分别下载，这样下载的时间就大大地缩短了。在目前互联网带宽条件下，运用切片来减少网店下载时间而又不影响图片的效果，这不能不说是一个两全其美的办法。

（1）除了减少下载时间之外，切片还有以下一些优点

1）方便制作动态效果：利用切片可以制作出各种交互效果。

2）优化图像：完整的图像只能使用一种文件格式，应用一种优化方式，而对于作为切片的各幅小图片就可以分别对其优化，并根据各幅图片的情况存为不同的文件格式。这样既能保证图片质量，又能够使图片容量变小。

3）创建链接：切片制作好之后，可以对不同的切片制作不同的链接，而不需要在大图上创建热区，能够精确地定位到我们需要做链接的图片区。

4）易于更新：适用于经常更改的网页部分。

（2）利用 Photoshop 进行切片的具体操作过程

1）打开一张图片，单击"视图"→"标尺"，把鼠标放到标尺上，按住鼠标左键拖拽，生成参考线，使用参考线把图片分开，如图 6-1 所示。

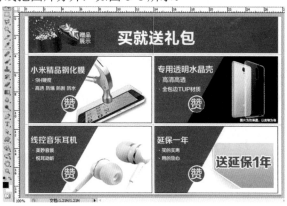

图 6-1　设置标尺与参考线

2）画好参考线后，把工具切换到"切片工具"，如图 6-2 所示。

图 6-2　切片工具

3）查看工具对应的属性栏，正常模式下单击上面的"基于参考线的切片"，如图 6-3 所示。

图 6-3　切片工具参数设置

4）单击"基于参考线的切片"之后会发现图片被切割成了六张图片，如图 6-4 所示。

5）我们需要把切片 1 和切片 2 进行组合，选择工具栏上的"切片选择工具"，如图 6-5 所示。

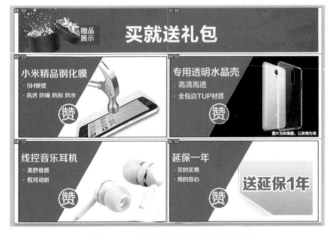

图 6-4　切割后生成的切片效果

图 6-5　切片选择工具

6）按住〈Shift〉键，选择需要合并的切片 1 和切片 2，右击选择"组合切片"合并切片 1 和切片 2 为一个切片，如图 6-6 所示，切片组合后结果如图 6-7 所示。

图 6-6　组合切片

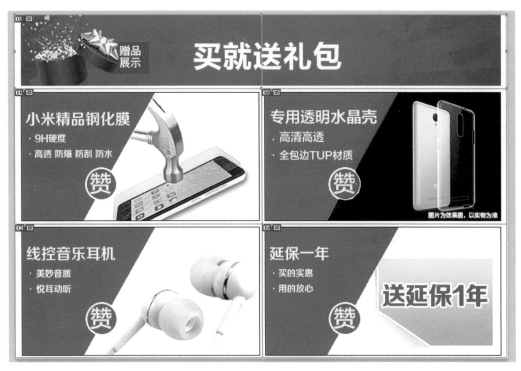

图 6-7 切片组合后效果

7）右击某个切片，然后在打开的菜单中选择"编辑切片选项"，打开切片选项对话框，如图 6-8 所示。

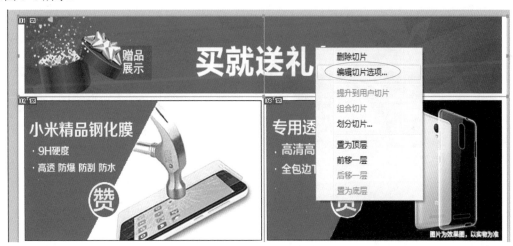

图 6-8 编辑切片选项

设置切片类型、名称、网络上定位的 URL 地址、目标（即加载 URL 时的桢，此项仅针对动画图片）、信息文本（即鼠标指向网页上的图片时，出现在浏览器底部状态栏的文字信息）、Alt 标记（即鼠标放置在网页上的图片上时，自动出现在图片周围的解释文字）。设置这些选项后，将来生成的 HTML 页面上，图片就会被设置好链接。可对每个切片，分别设置这些选项。切片选项参数设置，如图 6-9 所示。

Photoshop 切片加链接说明

①URL：打开想要为切片加链接的"网络地址"，进行复制，然后粘贴到编辑框里面就可

以了。

②在"目标"一栏中输入 _banck，表示"从新窗口中打开超链接页面"。如果不需要新窗口打开就不用输入。

利用相同的办法，把其他切片也添加相对应的超链接。

图6-9　切片选项参数设置

8）单击菜单"文件"→"存储为 Web 所用格式"（快捷键为〈Alt+Shift+Ctrl+R〉。选择"双联"，左侧为图片原稿，右侧为将来在网页上出现的图像，可以用鼠标选中右侧任意一个切片，设置每个小切片图片的类型等，同时可以设置图片品质用于压缩图片大小，如图6-10所示。

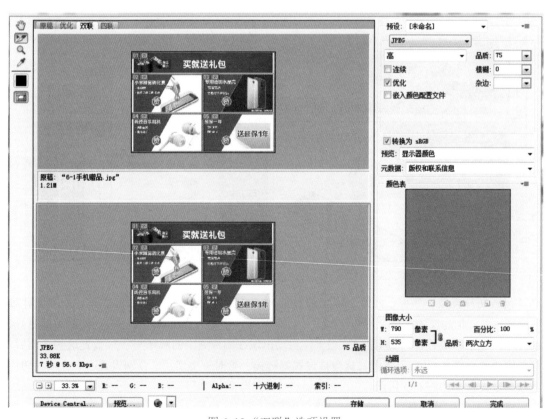

图6-10　"双联"选项设置

单击"存储"按钮，选择保存文件类型为"HTML 和图像"。

保存完成后，计算机上就会出现一个名叫 images 的图片文件夹和一个名叫 xm.html 的文件，如图 6-11 所示，切分后的图片就保存在这里。xm.html 文件就是用切分后的小图片组成的网页文件，如图 6-12 所示。

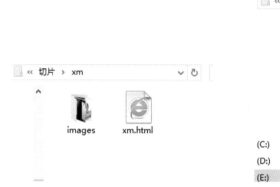

图 6-11　保存后生成文件

图 6-12　保存后生成切片图片

第二节　Fireworks 的切片方法

1）打开一张图片，如图 6-13 所示，之后选择工具栏上的"'切片'工具"，如图 6-14 所示。

图 6-13　打开智能手机图片

图 6-14　"切片"工具

2）选中"'切片'工具"后，在图片上任意点按住左键拖拽一个方形，就出现一个切片，如图 6-15 所示。

图 6-15　切片的生成

　　3）若需要变换切片的位置和大小，则选择工具栏上的"指针工具"，再单击某个切片。在正常模式下，鼠标拖动可以绘制一个矩形的切片，切片的大小和长宽比都是任意的。单击切片会使切片的边框变成棕褐色，并出现八个控制点，拖动控制点可以任意改变切片的大小。另外，直接拖动边框也可以改变边框的位置。如果在某个切片上右击，在弹出的菜单上可以选择删除切片或者编辑切片。

　　4）以此类推，再次选择"'切片'工具"在图片上切出更多切片，并排列位置，如图 6-16 所示。

　　5）切片完成后，选择 Fireworks CS5 中的"2 幅"窗口，如图 6-17 所示。在这个窗口的左侧是可编辑的原图，在这个窗口的右侧是优化以后的图像。在这个窗口的下方，可以看到详细的关于每一个切片的文件量和下载时间等信息。

　　6）按快捷键〈F6〉，打开"优化"面板，使用"指针工具"，在"2 幅"窗口的左侧依次选择切片，然后在"优化"面板中进行相应的优化操作，最终优化后的图像效果可以在"2 幅"窗口的右侧进行观察，如图 6-18 所示。

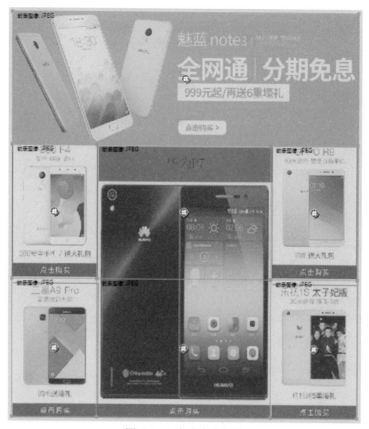

图 6-16 生成多个切片

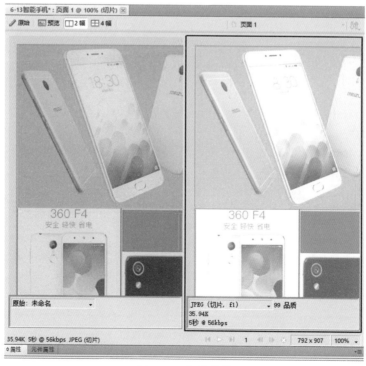

图 6-17 切片优化

图 6-18　优化参数设置

7）对每一张切片进行优化后，就可以导出所有的图像素材了。选择"文件"→"导出"命令（快捷键为〈Ctrl+Shift+R〉），弹出"导出"对话框。单击菜单"文件"→"存储为 Web 所用格式"。此时如图 6-19 所示，更改"导出"对话框中的"导出"类型为"仅图像"。这样导出以后只会根据切片来生成图像而不会生成网页，在"文件名"文本框中输入文件名称。

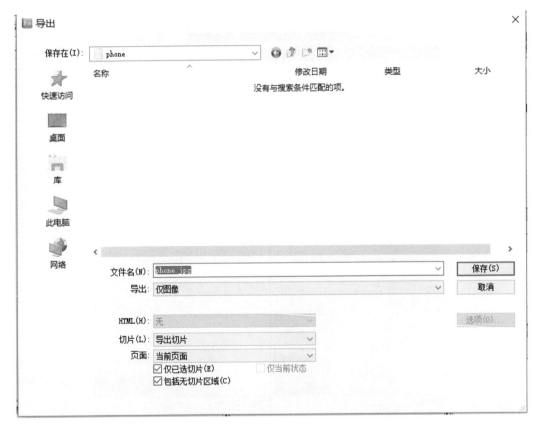

图 6-19　导出切片的设置

保存完成后，生成的图像如图 6-20 所示。

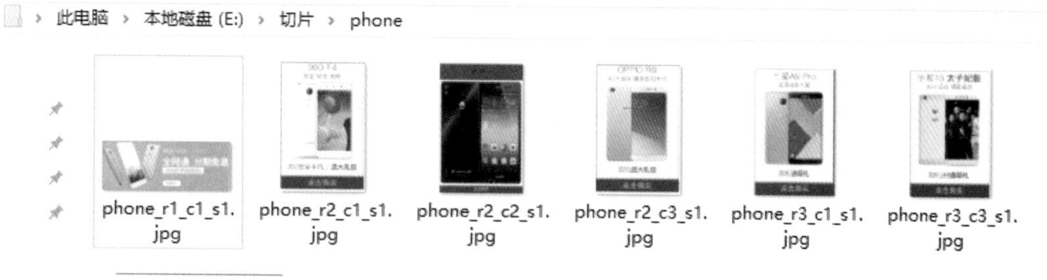

> 此电脑 › 本地磁盘 (E:) › 切片 › phone

phone_r1_c1_s1. jpg phone_r2_c1_s1. jpg phone_r2_c2_s1. jpg phone_r2_c3_s1. jpg phone_r3_c1_s1. jpg phone_r3_c3_s1. jpg

图 6-20　保存后生成图像

本 章 小 结

随着互联网的发展，网上购物更多地注重营销的效率，网页显示的快慢程度极大地影响着顾客的购物心情，通过切片能很好地提高网页显示的速度。通过本章内容，我们学习了 Photoshop CS5 中切片工具的使用和 Fireworks CS5 中切片工具的使用，在现实操作中可以根据自己的习惯去选择使用哪种软件。

本 章 习 题

一、选择题

1. Web 图像文件常用格式是（　　）。

　　A．GIF　　　　B．BMP　　　　C．PNG　　　　　　D．JPEG

2. Photoshop CS5 保存切片的类型是（　　）。

　　A．PSD　　　　B．JPEG　　　　C．HTML　　　　　D．PNG

3. Photoshop CS5 打开链接位置的窗口状态是在切片属性中（　　）选项设置。

　　A．目标　　　　B．URL　　　　C．Alt 标记　　　　D．目的地址

4. 不属于 PNG 格式优化设置的是（　　）。

　　A．Web 靠色　B．颜色　　　　C．杂边　　　　　D．损耗

二、问答题

1. 切片有哪些优点？

2. 常用的切片软件有哪些？

7
CHAPTER

第七章
店铺装修综合实训

学习目标

1. 了解店铺设计图的制作流程。
2. 掌握店铺装修流程。
3. 掌握使用 Dreamweaver 进行网页编辑。
4. 掌握制作客服代码的方法。

第一节 设计店铺装修图

在本章中，我们将要设计儿童电动车的首页装修图，主要内容包括：店招、导航条、欢迎模块、客服区、商品分类等区域。

店铺首页装修设计的第一步是根据首页的常规布局结构，结合店主的要求，对首页的整体框架进行构思。在我们的印象中，儿童电动车的速度是比较快的，所以我们选择闪电为主题，而且闪电含有科技的元素，闪电的形状也适合我们想要的大致框架布局，可以营造一定的设计感。

一、框架设计流程

1. 制作店招与导航条

使用形状工具与文字工具，在相应的位置添加形状和文字，并通过图层样式进行美观加工，如图 7-1 所示。

图 7-1 制作店招与导航条

2. 绘制欢迎模块

将商品图片与闪电图案合成在一起，并用文字与钢笔工具制作欢迎文字效果，如图7-2所示。

图 7-2 绘制欢迎模块

3．制作客服区

利用客服图像与文字工具制作客服区，用渐变工具绘制背景，结合网页在线制作设计客服按钮，如图7-3所示。

图7-3　制作客服区

4．绘制热销商品展示区

该展示区用于展示销量较好的商品，通过添加闪电图案与热销商品结合布置，图层样式与文字工具添加效果文字，如图7-4所示。

图7-4　绘制热销商品展示区

5．绘制商品展示区

将商品摆放到相关位置上，之后添加商品名称、价格等信息，完成单品展示区的制作，如图 7-5 所示。

图 7-5　绘制商品展示区

6．制作页尾区域

使用形状工具与文字工具，在相应的位置添加形状和文字，并通过图层样式进行美观加工，如图 7-6 所示。

图 7-6　制作页尾区域

二、实施步骤详解

1. 新建文件

打开 Photoshop CS5 软件，单击"文件"→"新建"命令，新建一个 950 像素 × 4150 像素的文档，用于制作网店设计图。其中，设计图宽度 950 像素为固定尺寸，高度 4150 像素是一个暂时的尺寸数据，其大小根据设计图内容的增加而调整，如图 7-7 所示。

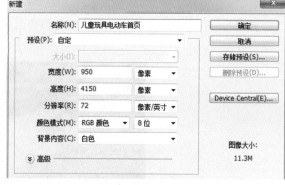

2. 制作店招

图 7-7 "新建"对话窗口

1）单击"图层"窗口下面的"创建新组"按钮，将创建的组命名为"店招"。

2）新建一个图层，使用"矩形选框工具"绘制一个固定值为 950 像素 ×120 像素的矩形，并填充黑色。

3）使用"自定义工具"，选择"圆角方形"形状，按住〈Shift〉键，绘制出适当大小的黑色圆角方形，并添加"光泽""渐变叠加""描边"三个图层样式。其中，"渐变叠加"图层样式的"不透明度"设置为 50%，"描边"图层样式的颜色数值设置为 #535353，其余参数默认，如图 7-8 所示。使用"自定义工具"，选择"红心形卡"形状，绘制出适当大小的白色心形，并添加"不透明度"参数为 50% 的"光泽"图层样式，用同样的方式添加形状为"飞机""五角星""盾形"的形状图案，过程如图 7-9 所示。

4）使用"横排文字工具"为店招加上文字，如图 7-10 所示。

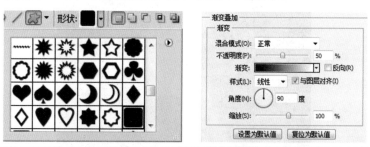

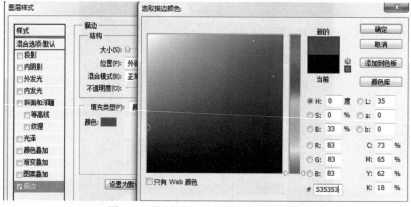

图 7-8 绘制圆角方形并添加图层样式

图 7-9 添加图案过程

图7-10 店招

3. 绘制导航条

1）单击"图层"窗口下面的"创建新组"按钮，将创建的组命名为"导航条"。在组里面新建一个图层，使用"矩形选框工具"绘制一个950像素×30像素的矩形选框。

2）使用"渐变工具"在选区中添加一个由蓝色到黑色的线性渐变。

3）在选区中用画笔工具选择笔头大小为3像素，绘制五条垂直的直线，将导航条分隔成几部分。

4）使用"横排文字工具"添加文字，制作导航条，绘制导航条过程如图7-11所示。

a）绘制渐变

b）绘制分割线

| 首页 | 宝马系列 | 路虎系列 | 奔驰系列 | 跑车系列 | 店铺动态 |

c）添加文字

图7-11 绘制导航条过程

4. 绘制欢迎模块

1）单击"图层"窗口下面的"创建新组"按钮，并将创建的组命名为"欢迎模块"。在组里面新建一个图层，使用"矩形选框工具"绘制一个950像素×600像素的矩形选框，并填充黑色，作为欢迎模块的背景。

2）新建一个图层，用"钢笔工具"绘制闪电轮廓的路径，将路径转换为选区并填充黄色（颜色色值为#fef500）。

3）勾选图层样式中的"外发光"和"斜面和浮雕"为闪电添加图层样式，其中"外发光"图层样式的"图素"大小设置为15，其余参数默认，制作闪电效果。

4）将扣好的电动车调整大小，制作一大一小两个，分别放到闪电的两端，并对两个电动车的图层添加"滤镜"→"风"的效果，制作电动车闪电飞驰的感觉。

5）用"横排文字工具"添加文字，文字颜色为黄色（颜色色值为#fef500），并添加"描边"和"斜面和浮雕"图层样式，其中"描边"的颜色是白色，其余参数默认。欢迎模块绘制过程如图7-12所示。

图7-12 欢迎模块绘制过程

5. 绘制客服区

1）单击"图层"窗口下面的"创建新组"按钮，并将创建的组命名为"客服区"。在组里面新建一个图层，使用"矩形选框工具"绘制一个950像素×150像素的矩形选框，并填充黑色，作为客服区的背景。

2）使用"渐变工具"选择"径向渐变"颜色由灰色（颜色色值为#666666）至黑色（颜色色值为#000000）变换，绘制一个径向渐变，装饰客服区背景。

3）将扣好的客服头像与文字添加进客服区适当位置，留下右边位置添加客服按钮。客服区绘制过程，如图7-13所示。

a）绘制背景

b）装饰背景

c）添加图片与文字

图7-13　客服区绘制过程

6. 绘制商品展示区

1）单击"图层"窗口下面的"创建新组"按钮，并将创建的组命名为"商品展示"。在组里面新建一个图层，使用"矩形选框工具"绘制一个950像素×2000像素的矩形选框，并填充黑色，作为商品展示区的背景。

2）新建一个图层，用"钢笔工具"绘制闪电轮廓的路径，将路径转换为选区并填充黄色（颜色色值为#fef500）；勾选图层样式中的"外发光"和"斜面和浮雕"为闪电添加图层样式，其中"外发光"图层样式的"图素"大小设置为75，"斜面和浮雕"图层样式的"结构"大小设置为30，其余参数默认，制作闪电效果。

3）将扣好的四张商品图片添加到设计图中，按住〈Shift+T〉组合键，调整商品大小、角度和位置，并为四张图片添加"外发光"图层样式。

4）图中按钮绘制过程：选择工具箱中"圆角矩形工具"，绘制出按钮的形状，勾选"斜面和浮雕""外发光""渐变叠加"三个图层样式选项，期中"渐变叠加"中的"渐变颜色"选择"橙，黄，橙渐变"，"斜面和浮雕"中的结构大小设置为10像素，其余参数默认，绘制出立体按钮形状，用"横排文字工具"为按钮添加文字，其过程与客服区按钮类似。最后，添加文字介绍与价格。商品展示区绘制过程，如图7-14所示。

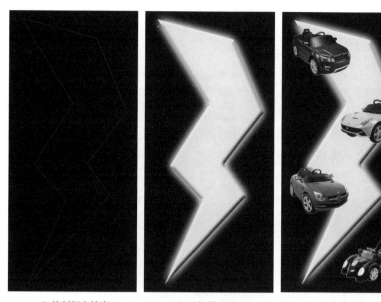

a）绘制闪电轮廓　　　b）添加图层样式　　　c）添加商品图片　　　d）添加文字说明

图 7-14　商品展示区绘制过程

7. 绘制单品展示区

1）单击"图层"窗口下面的"创建新组"按钮，并将创建的组命名为"单品展示"。在组里面新建一个图层，使用"矩形选框工具"绘制一个 950 像素 ×150 像素的矩形选框，并填充黑色，作为单品展示区标题栏的背景，输入颜色色值为 # ff7d00 的文字，新建一个图层，命名为"直线"。使用"画笔工具"绘制一条笔头大小 8 像素的直线，为直线图层添加一个蒙版，利用"渐变工具"在蒙版区画一个由白至黑变换的线性渐变，制造出直线渐隐效果，如图 7-15 所示。

a）输入文字

b）添加蒙版制作渐隐效果

c）最终效果

图 7-15　单品展示区标题栏绘制过程

2）新建一个图层，使用"矩形选框工具"绘制一个 950 像素 ×900 像素的矩形选框，并填充黑色，作为单品展示图片的背景。单击"视图"选择"新建参考线"，输入取向垂直位置 12 像素，再次操作输入取向水平位置 3050 像素，用参考线确定单品图片的摆放位置，如图 7-16

所示。

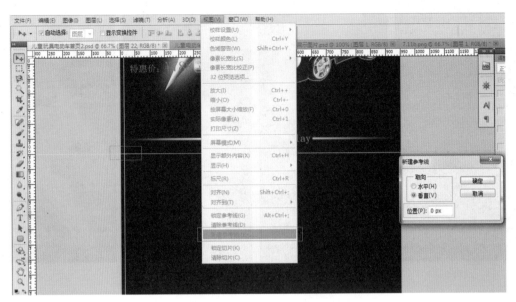

图 7-16　建立参考线

3）新建一个图层，命名为"单品展示图"，并在新建参考线的十字交叉位置，绘制一个固定值为 300 像素 ×410 像素的矩形选框，如图 7-17 所示。

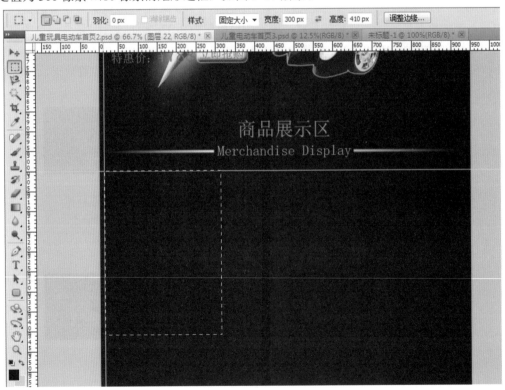

图 7-17　绘制矩形选框

4）在矩形选框中填充白色，然后在白色区域里面添加一个 280 像素 ×280 像素的图片并输入文字，如图 7-18 所示。

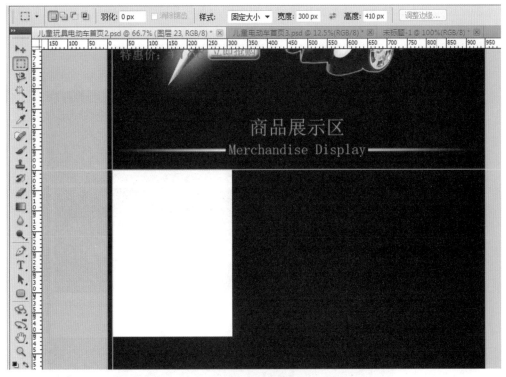

a）填充白色

b）添加图片与文字

图 7-18　添加单品图片过程

5）单击"视图"选择"新建参考线"，输入取向垂直位置 325 像素，再次操作输入垂直位置 638 像素，用于确定第二个与第三个单品图的位置，然后重复上一步骤制作第二个与第三个单品图片（如果有其他商品就添加其他商品的图片，本书不再添加其他商品的图片，采用直接复制的方式），如图 7-19 所示。

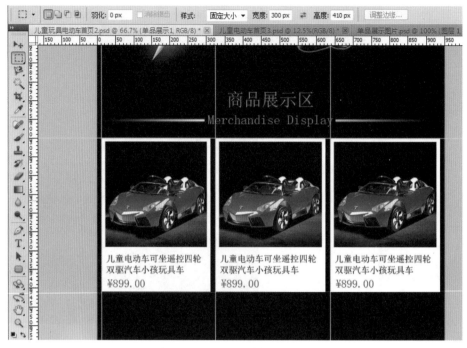

图 7-19　添加其他单品

6）单击"视图"选择"新建参考线"，输入取向水平位置 3480 像素，用于确定第二排单品图片的位置，然后重复上一步骤制作第二排的单品展示图片，如图 7-20 所示。最后完成单品展示区的制作，如图 7-21 所示。

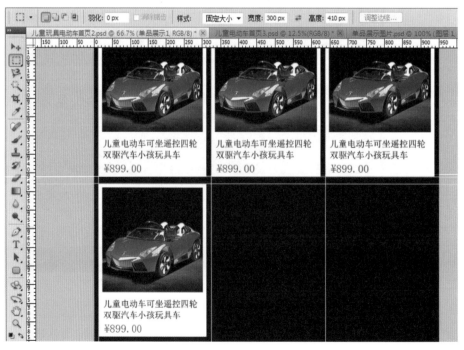

图 7-20　添加第二排单品

商品展示区
Merchandise Display

儿童电动车可坐遥控四轮
双驱汽车小孩玩具车
¥899.00

儿童电动车可坐遥控四轮
双驱汽车小孩玩具车
¥899.00

儿童电动车可坐遥控四轮
双驱汽车小孩玩具车
¥899.00

儿童电动车可坐遥控四轮
双驱汽车小孩玩具车
¥899.00

儿童电动车可坐遥控四轮
双驱汽车小孩玩具车
¥899.00

儿童电动车可坐遥控四轮
双驱汽车小孩玩具车
¥899.00

图 7-21　单品展示区

8．绘制页尾

1）单击"图层"窗口下面的"创建新组"按钮，并将创建的组命名为"页尾"。在组里面新建一个图层，使用"矩形选框工具"绘制一个 950 像素 ×200 像素的矩形选框，并填充黑色，作为页尾的背景。

2）新建一个图层，命名为"分割线"，使用"画笔工具"绘制一条笔头大小为 4 像素的直线，为直线图层添加一个蒙版，利用"渐变工具"在蒙版区画一个由白至黑变换的径向渐变，制造出直线渐隐效果，如图 7-22 所示。

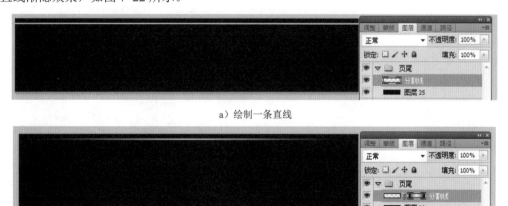

a）绘制一条直线

b）位置线添加蒙版

图 7-22　分割线绘制过程

3）使用"自定义形状工具"绘制相关图案，选择"横排文字工具"添加文字，如图 7-23 所示。

图 7-23　添加图案与文字

第二节　网店装修实操

通过上一节的学习，基本绘制好了网店首页的装修设计图，但这张图片还不能直接应用于网店装修，为了使图片能够满足网页功能及网络传输的要求，还要进行切片处理。在网店页面中，一些图片上会有跳转到其他页面的链接或者实现特殊功能的热点区域，要制作出这些效果，就要用 Dreamweaver 针对切片进行编辑。

1. 对设计图进行切片优化

1）单击"视图"→"新建参考线"，输入取向垂直位置 10 像素，重复操作分别输入 312像素、325 像素、625 像素、638 像素和 938 像素，制作出 6 条垂直参考线。单击"视图"→"新建参考线"，输入取向水平位置 150 像素，重复操作分别输入 750 像素、900 像素、1400 像素、1900 像素、2400 像素、2900 像素、3050 像素、3350 像素、3460 像素、3480 像素、3780 像素、3890 像素和 3950 像素，制作出 14 条水平参考线。

2）将单品展示区单品图片中的文字内容隐藏，单击"切片工具"→"基于参考线的切片"为设计图添加切片，如图 7-24 所示。

图 7-24　制作切片

3）选择"切片选择工具"，按住〈Shift〉键，选择需要合并的切片，单击鼠标右键选择"组合切片"，合并一整行七个切片为一个切片，如图 7-25 所示。

a）合并切片之前

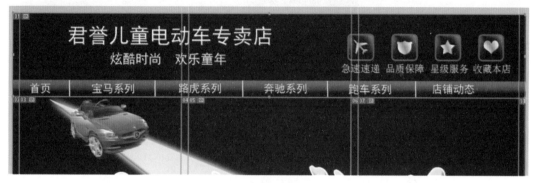

b）合并切片之后

图 7-25　合并切片

4）重复上一步骤的操作，只留单品展示区里的两行不合并，其余行都合并，如图 7-26 所示。

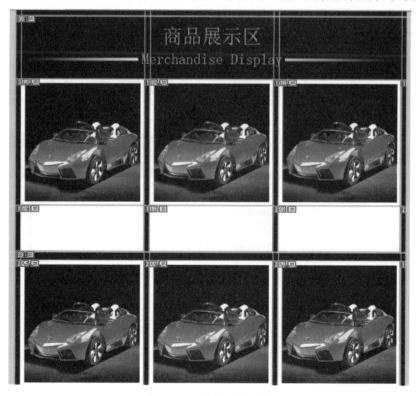

图 7-26　单品展示图片

5）单击"文件"→"存储为 Web 所用格式"，在打开的"存储为 Web 和设备所用格式"对话框中根据需要对图片进行优化处理。单击"存储"按钮，如图 7-27 所示。

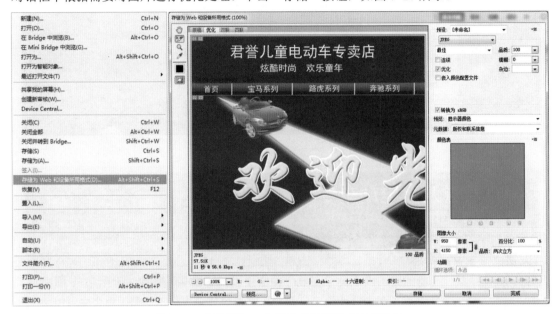

图 7-27　"存储为 Web 和设备所用格式"对话框

选择文件存储路径，单击"保存"按钮后得到一个 images 文件夹和一个 html 文件。打开 images 文件夹可以看到，设计图中的 39 个切片都以独立的文件形式保存在里面，如图 7-28 所示。

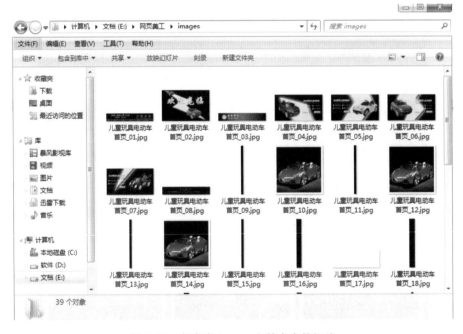

图 7-28　保存在 images 文件夹中的切片

2. 上传图片

登录淘宝账号，在卖家中心打开淘宝图片空间，将 images 文件夹里的文件上传到淘宝的图片空间，如图 7-29 所示。

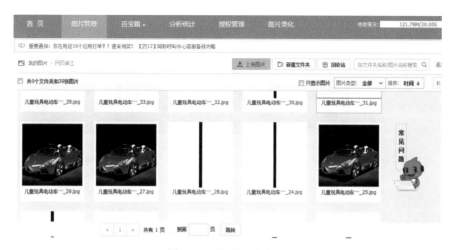

图 7-29　淘宝图片空间

3．装修店招

1）登录淘宝账号，进入淘宝店铺装修的操作界面，选择店招模块进行编辑，在店铺招牌中插入图片空间的图片，如图 7-30 所示。

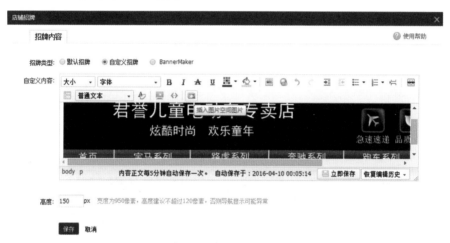

图 7-30　插入店招图片

2）切换到源码模式，将出现的代码选中并复制，如图 7-31 所示。

图 7-31　复制店招代码

3）运行 Dreamweaver CS6，在欢迎界面的"创建新项目"选项组中，单击"HTML"，新建一个空白的 HTML 文件，如图 7-32 所示。

图 7-32　新建 HTML 文件

4）切换到"拆分"窗口，将刚才复制的店招代码粘贴到代码区域中，如图 7-33 所示。

图 7-33　粘贴店招代码

5）单击"属性"面板中的"矩形热点工具"按钮，使用该工具在"导航条"各个类目上单击并拖拽，绘制出六个和按钮大小基本一致的矩形框，作为链接区域，如图 7-34 所示。

图 7-34　绘制六个矩形热点

6）链接区将显示一个半透明的蓝色色块，之后在该区域"属性"面板中的"链接"文本框中将单击该按钮后要跳转到的网址输入进去，重复以上步骤，完成整个导航条六个部分链接的添加，如图7-35所示。

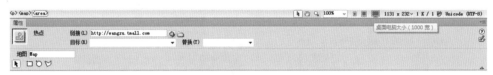

图7-35 插入热点链接

7）切换到"代码"窗口，将图中所有的代码全部选中，单击鼠标右键，选择"拷贝"命令，将代码复制到剪贴板中，以备后续进行应用，如图7-36所示。

图7-36 复制代码

8）进入淘宝店铺装修的操作界面，选择店招模块进行编辑，在打开的对话框中切换到代码编辑模式，将复制的代码粘贴上去，并设置高度为150像素，单击"保存"按钮，完成店招的装修，如图7-37所示。

图7-37 粘贴店招代码

4．插入欢迎模块图片

打开 Dreamweaver 软件，新建一个空白的 HTML 文件，单击"插入"→"表格"，打开"表格"对话框，设置表格的行数、列数等参数，具体的参数可根据需要建立的网页来确定。这里建立 14 行 7 列的表格（宽 950 像素，间距、边框均为 0），如图 7-38 所示。

图 7-38　插入表格

添加表格后，将第 1 行 7 个单元格合并为一个单元格，并将切好的图片插入进去，如图 7-39 所示。

图 7-39　插入图片

5．插入客服区图片

1）将第 2 行 7 个单元格合并为一个单元格。在"属性"对话框中将该单元格高度设置为 150，在代码区该单元格对应的 ⟨td⟩ 代码中单击空白键会弹出 css 代码选项，选择 background 代码，单击"浏览"选择需要插入的背景图片，如图 7-40 所示。

图 7-40　插入客服区图片

2）插入完成以后，单击客服区表格，单击"插入"菜单中的"表格"按钮，在客服区的单元格中插入一个 5 行 8 列的表格，并设置每一行的行高是 30 像素，如图 7-41 所示。

图 7-41　插入表格

6．插入单品展示图片

以同样的方式和顺序插入图片，直至插入单品展示区时不用合并单元格。在插入单品图片文字介绍区域时，设置该单元格的宽度为 300，不用插入图片，如图 7-42 所示。以同样的方式在单元格中插入相应的图片。

提示：这里之所以进行插入图片背景的操作，是因为商品的名称与价格会随着时间的变化和淘宝关键词的变化而变化，而插入背景图片可以在不修改图片的情况下方便修改商品的名称与价格。

7．更改代码

1）将所有的切片图片都插入对应的单元格中后，单击"代码"按钮切换到代码模式，我们会发现插入的切片图片都对应一段地址代码，如图 7-43 所示。

2）登录淘宝账号在图片空间里找到相关图片，单击"复制链接"，复制该图的链接，如图 7-44 所示。

图 7-42　插入背景图片

图 7-43　对应的地址代码

图 7-44　复制链接

3）将复制的链接粘贴到代码区对应的位置，覆盖原来的图片地址，如图 7-45 所示。

图 7-45　替换后的代码

值得一提的是：如果替换地址代码后图片无法显示，可能是因为替换后的代码是 https 的加密传输协议，请将代码里的"https"改为"http"。重复上一步骤，直至将所有图片对应的代码都替换掉。

8. 制作客服区代码

1）在百度搜索引擎中搜索"旺遍天下"，找到并打开"旺遍天下"旺旺客服代码在线生成网站，选择客服的显示样式，并输入客服的名称，完成后单击"生成网页代码"按钮，最后单击"复制代码"按钮，将代码添加到剪贴板中，如图 7-46 所示。

图 7-46　生成旺遍天下代码

2）回到 Dreamweaver 中，单击其中一个单元格，在其对应的代码中将刚才复制的网页代码粘贴进去，为了防止宽度发生变化应设置宽度为 118。制作客服按钮，如图 7-47 所示。

3）重复步骤 1）和 2）的操作，为其他客服名称后面的单元格添加对应的客服代码，这样每个客服名称的后面就都显示出了旺旺头像，即完成了客服区代码的制作。客服区如图 7-48 所示。

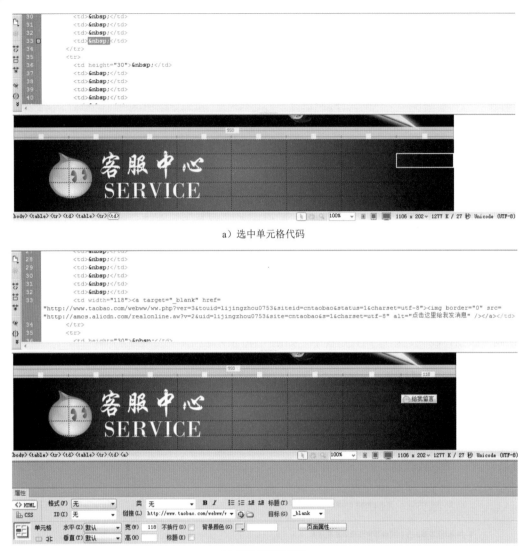

a）选中单元格代码

b）粘贴复制的代码

图 7-47　制作客服按钮

图 7-48　客服区

9．制作链接代码

在设计图中我们设计了一些按钮作为链接区，供消费者单击后跳转到其他页面，想要实现这个功能就要制作链接代码。

1）在商品展示中为"立即抢购"按钮添加链接，单击"属性"面板中的"矩形热点工具"按钮，使用该工具在"立即抢购"按钮上单击并拖拽，绘制出和按钮大小基本一致的矩形框，作为链接区域，如图 7-49 所示。

图 7-49 添加热点

2）链接区将显示一个半透明的蓝色色块，之后在该区域"属性"面板中的"链接"文本框中将单击该按钮后要跳转到的网址粘贴进去，完成整个链接的添加，如图 7-50 所示。

图 7-50 添加链接地址

10. 制作收藏本店代码

单击淘宝网店收藏区的"收藏店铺"按钮，可以将店铺添加到淘宝账号的收藏夹中，这种效果的实现需要制作出店铺收藏区的代码：

1）在浏览器中登录网店，在自己网店的首页中找到"收藏店铺"图标，在该图标上单击鼠标右键，在弹出的菜单中选择"复制链接地址"命令，将代码添加到剪贴板中，如图7-51 所示。

2）在 Dreamweaver 中找到页尾模块，单击"属性"面板中的"椭圆形热点工具"按钮，使用该工具在"立即抢购"

图 7-51 复制链接地址

按钮上单击并拖拽，绘制出和按钮大小基本一致的椭圆形框，作为链接区域。之后在该区域"属性"面板的"链接"文本框中将刚才复制的链接地址粘贴进去，顾客单击这个区域的时候将会自动收藏店铺，如图 7-52 所示。

图 7-52　插入链接地址

11. 装修自定义区域

1）在 Dreamweaver 中切换到"代码"模式，将图中所有的代码全部选中，单击鼠标右键，选择"拷贝"命令，将代码复制到剪贴板中，以备后续进行应用，如图 7-53 所示。

图 7-53　复制代码

2）在店铺装修页面中把页头区域以下的所有模块删除掉，单击"自定义区"并拖拽至页面中，如图 7-54 所示。

图 7-54　添加自定义模块

3）选择自定义模块进行编辑，在打开的对话框中切换到代码编辑模式，将复制的代码粘贴上去，如图 7-55 所示。

图 7-55　粘贴代码

4）切换回视图操作，观察发现客服中心字体颜色自动变为黑色，对其进行修改变回白色，如图 7-56 所示。

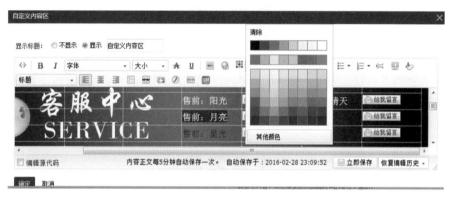

图 7-56　修改文字

5）在视图模式中找到单品图片文字介绍区域，为其添加文字说明与价格，如图 7-57 所示。

图 7-57　添加文字说明与价格

选中介绍文字，单击"插入链接"按钮，在链接对话框中将单击该文字区域后要跳转到的网址粘贴进去，单击"确定"按钮，完成超链接的设置，如图 7-58 所示。重复以上步骤，完成其他区域文字与链接的添加。最后在自定义区域中单击"确定"按钮，完成整个页面的装修。

图 7-58　创建超链接

本 章 小 结

　　店铺的首页可以说是一个店的门面，是引流的关键，一个能抓住顾客眼球的淘宝首页往往能给顾客以信心与惊喜，增加商品的点击率。本章通过制作儿童电动车淘宝店铺首页的实例，详细阐述了店铺网页的设计流程，希望读者能举一反三，利用本章所学知识制作具有自己店铺特色的首页。

本 章 习 题

一、多项选择题

1. 下列方法中，（　　　　）可用于建立新的图层。

　　A．双击"图层"调板的空白处

　　B．单击"图层"调板底部的"创建新图层"按钮

　　C．按住〈Ctrl+J〉组合键

　　D．使用"横排文字工具"在图像中添加文字

2. （　　　　）可复制一个图层。

　　A．将图层拖放到"图层"调板底部的"创建新图层"按钮上

　　B．单击"图层"调板底部的"创建新图层"按钮

　　C．按住〈Ctrl+J〉组合键

　　D．单击"图层"→"复制图层"命令

3. Dreamweaver 中表格的作用是（　　　　）。

　　A．实现超链接　　　　　　　　　　B．用来表现图片

　　C．用来设计新的链接页面　　　　　D．实现网页的精确排版和定位

4. 文本做成超链接后，鼠标移到文本上，光标会变成（　　　　）。

　　A．手形　　　　　　　　　　　　　B．十字形

　　C．向上的箭头　　　　　　　　　　D．没变化

5. 在 Dreamweaver 中，文档编辑窗口提供了（　　　　）三种视图来进行页面设计。

　　A．代码视图　　　　　　　　　　　B．拆分视图

C．设计视图   D．图层视图

二、操作题

利用所学知识制作如图 7-59 所示的设计图。

图 7-59　扩展案例